AF508884

HENRI BOUCHOT

MEMBRE DE L'INSTITUT

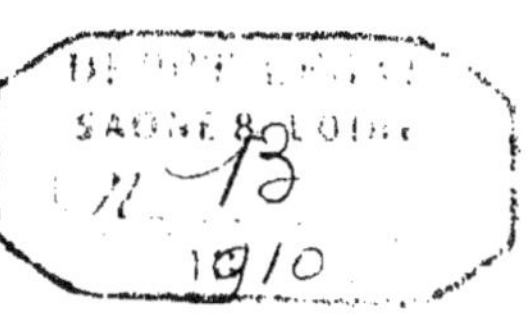

LA

MINIATURE FRANÇAISE

1750-1825

PRÉFACE DE M. FRÉDÉRIC MASSON

DE L'ACADÉMIE FRANÇAISE

PARIS

ÉMILE-PAUL ÉDITEUR

100, RUE DU FAUBOURG SAINT-HONORÉ, 100

1910

LA

MINIATURE FRANÇAISE

1750-1825

MACON, PROTAT FRÈRES, IMPRIMEURS.

HENRI BOUCHOT

MEMBRE DE L'INSTITUT

LA

MINIATURE FRANÇAISE

1750-1825

PRÉFACE DE M. FRÉDÉRIC MASSON
DE L'ACADÉMIE FRANÇAISE

PARIS

ÉMILE-PAUL, ÉDITEUR

100, RUE DU FAUBOURG SAINT-HONORÉ, 100

1910

HENRI BOUCHOT

— Vous savez, Henri Bouchot?

— Quoi ?

— Il est mort.

Ce fut une stupeur chez tous, à l'Institut, quand cette nouvelle tomba un jeudi, le lendemain d'une séance trimestrielle générale où chacun l'avait vu, l'avait trouvé cordial, verveux et joyeux de vivre. Et puis deux heures après, il était mort ! Oui, une stupeur véritable, car tout le monde avait eu recours à lui, avait eu à se louer de lui, l'appréciait et l'aimait — au moins en ces classes auxquelles il se rattachait par de communs travaux, les Beaux-Arts, les Inscriptions, les Sciences morales, l'Académie française.

En ce temps où l'iconographie est devenue le complément nécessaire de l'histoire, où le livre ne saurait guère se passer d'être illustré, Henri Bouchot, maître guide en ce Cabinet des Estampes dont il connaissait toutes les ressources, était devenu l'indispensable auxiliaire de tout auteur aspirant à orner de gravures le volume prêt à paraître. Et quelle complaisance il y portait et à quelles épreuves sa patience était mise ! Comme il avait saisi sur le vif la sottise des hommes et percé jusqu'au tuf la conscience de certains faiseurs d'histoire ! Et la narquoise façon dont il les regardait, et le pli de sa bouche, et l'air de son visage !

Tel monsieur voulait le portrait d'une héroïne de la Révolution : il le lui fallait à tout prix ; sans quoi son volume manquerait d'authenticité, et aux aventures qui s'y trouveraient contées, l'on ajouterait une foi moins agissante.

— Mais il n'y a point de portrait de cette dame, disait Bouchot.

— Il n'est pas possible qu'il n'y en ait point, répondait le monsieur.

Et comme, sous nulle estampe n'était inscrite la devise réclamée, l'intrépide explorateur réclama les portraits anonymes. Il en est quantité de ce temps où Quenedey tenait boutique tout comme un photographe d'à-présent. Des volumes et des volumes sont remplis de ces profils sur qui l'on peut mettre au jugé les noms qu'on veut.

— Voici Madame de Saint..., fit l'annonciateur d'histoire en tapant sur le livre ouvert et en désignant un portrait demeuré vierge de toute inscription. Ce sont ses traits, c'est son nez, sa bouche, ses cheveux. Impossible de la méconnaître ! C'est tout à fait mon affaire.

Et le lendemain photographe, et le surlendemain clichage, et sept jours après la découverte, la dame, sortie du néant et évadée des limbes, paraissait devant un public enthousiaste, avec ses nom, prénoms, titres et qualités, et l'histoire iconographique comptait une identification de plus !

A ces découvertes — quasi polaires — qu'il excellait à conter, Bouchot s'ébaudissait. Il avait eu bien d'autres aventures : un monsieur, qui devait tantôt publier une sorte d'histoire

générale de la France et qui pour le moment s'évertuait sur
la deuxième république, ne s'était-il point avisé de lui dire,
après avoir feuilleté les volumes consacrés aux estampes de
48 : « Je ne comprends pas comment revient constamment un
personnage qui s'appelle Cavaignac ? Qu'était-ce donc que
Cavaignac ? » Cela, je l'entendis, car, ce jour-là même, j'étais
moi aussi venu demander quelque pitance au grand distribu-
teur d'images.

Et cela fit désormais entre nous un lien de plus, car il ne
fallait point s'y tromper : il y avait sous la bonhomie de surface, une malice constamment éveillée et un sens si juste des
ridicules ambiants : il y avait un goût de combativité qui n'attendait pour s'éveiller que les propices occasions, et gare aux
coups que Bouchot portait alors ! Il se souvenait qu'il fut, l'année terrible, canonnier de la mobile et il jetait des bombes chez
l'adversaire avec une dextérité de sainte nitouche. — Mais,
dans le service, aux Estampes, jadis surtout, pas besoin de
bombes, un clin d'œil, et c'était assez pour classer à jamais en
un rang où ils sont pour jamais cloués, les bateleurs de l'Histoire.

A ce Cabinet des Estampes, il lui fallait, ai-je dit, une
patience infinie et quelle science ! Les gens qui y arrivent se
distribuent pour l'ordinaire en trois espèces : les travailleurs
entre lesquels on distingue des sous-genres à l'infini, les
amateurs et les exploiteurs : il y a de plus les passants, mais
on les livre aux garçons qui n'en font qu'une bouchée. Quels
sont les plus terribles pour le Conservateur, on ne sait : le
travailleur entasse volume sur volume et l'on doit toujours
craindre qu'il ne « calque » ; l'amateur raffine, pose des questions, réclame des états, compare, confère, controverse et

n'admet point qu'il soit d'autre affaire que la sienne ; mais l'exploiteur est pire, celui qui au profit de ses éditeurs met le Cabinet en coupe réglée et en exploite le fonds et le tréfonds, lui faisant rendre ce qu'il contient et même ce qu'il ne contient pas.

Et à tous, Bouchot répondait ; pour tous il était complaisant et pour presque tous amène. Que de volumes il a remués, mis sur table et feuilletés d'un geste impérieux, en faisant sonner les pages sur qui les estampes, hélas! sont collées !

Bouchot n'était point de ceux qui reculent à la peine : il était de ces bibliothécaires de jadis — la bonne espèce! — qui savent où sont les livres, n'ont besoin de personne pour les saisir et se trouvent fort honorés d'y toucher. Serviteurs ils demeurent de la pensée humaine, écrite, imprimée, gravée, en tiennent le magasin dont ils mettent leur orgueil à connaître tous les détours. Ceux-là, des braves gens, ont plaisir à mettre leur science au service de qui les interroge. Bien sûr la dosent-ils et n'étalent-ils point leurs perles à tout venant. Il ne convient pas qu'on offre à tous le même repas et où certains commencent à peine leur dîner, d'autres déjà ont pris une indigestion. Mais si l'on doit se garder de dévoiler d'un coup le Saint des Saints, encore, à qui souhaite voir un clou de l'arche, faut-il le montrer, car, de ce passant, qui sait si l'on ne fera pas un croyant et la curiosité est un premier pas vers la science.

Et qui exhibe ainsi y trouve soi-même son profit. Ainsi acquiert-il une bonne, sinon la meilleure part de son savoir, car rien ne vaut la cohabitation avec le livre, fût-il en apparence insignifiant, enfantin et rudimentaire. Il suffit que, sur les pages, quelque peu d'une pensée se soit posée, pour que la

page intéresse et que la pensée vaille un regard ; l'habitude
aidant, les yeux suffisent presque et, si l'on a la mémoire graphique, les images parcourues rapidement, même inconsciemment, s'y gravent et elles ressortent pour la comparaison au
moment opportun.

Nul sous ce rapport n'était mieux doué que Henri Bouchot,
et comme, à ces dons de nature, il joignait une sévère éducation historique, la science des écritures et la connaissance
des vieux textes, l'art de chercher dans les livres et la faculté
de travailler comme indéfiniment ; comme il avait un goût particulier pour écrire et qu'il s'était fait un style dont il avait
développé les ressources dans des Contes de terroir —
certains, œuvres parfaites — et dans des romans dont un au
moins, inédit, mériterait la sympathie du public ; comme, en
cette forme, si personnelle, il se plaisait à exposer ses découvertes iconographiques et ses trouvailles en tous les genres, il
se trouva l'un des hommes qui ont le plus écrit — et c'est
Dieu merci, car nul plus que lui n'a répandu d'idées qui lui
appartenaient en propre, aussi bien que de notions ci-devant
égarées, par lui retrouvées et faites siennes.

D'autres l'ont loué mieux que je ne suis capable de faire et
ont mieux rendu compte de ses travaux en chacune des
branches qu'ils cultivent, mais peut-être me suis-je trouvé
placé autrement que la plupart — encore faudrait-il excepter
notre confrère M. Jules Comte, directeur de la *Revue de l'Art
ancien et moderne* — pour attester cette étonnante compé-
tence et cette admirable fécondité.

Durant vingt années, soit depuis 1886 où je pris la direction de la revue *Les Lettres et les Arts*, nul ne nous fut un collaborateur plus fidèle, nul n'apporta plus de dévoûment, d'in-

telligence et de loyauté à nos diverses entreprises, nul ne se montra mieux armé sur toutes les questions où je provoquais sa sagacité et son érudition. Des articles importants et sérieusement documentés, des numéros entiers du *Figaro Illustré* qui faisaient presque des volumes, de gros livres tels que sa *Catherine de Médicis*, des articles pour notre journal *Les Arts* et pour tous nos autres journaux, des chapitres pour des ouvrages encyclopédiques, quoi encore? l'essence même, et si je puis dire la somme d'autres travaux encore qu'il produisait ailleurs et dont il s'est réservé de tirer chez nous les conclusions.

Et c'est à ce côté de sa nature qu'il se faut arrêter, car elle explique une autre face de son œuvre. Comme si ce n'eût pas été assez pour son activité que mener de front des besognes où tout autre eût succombé, il poussait l'esprit d'initiative à un degré tel qu'il se fit, dans les dernières années, l'instigateur de deux expositions dont, au contraire de toutes les habitudes, les résultats furent importants et eurent des conséquences.

Il est inutile de rappeler *l'Exposition des Primitifs Français* qui, bien installée, bien présentée, bien éclairée, organisée avec une admirable patience, apporta la révélation de nos Écoles nationales : sans qu'on accepte toutes les doctrines que s'efforcèrent de faire valoir les nationalistes exclusifs, sans qu'on réclame pour la petite France des œuvres dont certaines appartiennent vraisemblablement à une plus grande France, jamais manifestation d'art ne produisit pour l'histoire des révélations aussi importantes et ne contribua davantage à fixer des points essentiels dans la vie artistique de la nation. Henri Bouchot, attaqué par quelques prestolets qui, par leurs boniments, cherchaient à amasser du monde autour de leurs exercices, fit front carrément, et relevant ses manches, saisit un bon bâton qui se trouva à sa main. Il est, dans *l'art de la canne*, une figure qu'on appelle *la rose*, où le bâtonniste envoie, sur les quatre faces, des dégelées de coups assénés joyeusement, mais qui ne portent point joie à qui les embourse. Tel Bouchot: il y fut sublime en sa *rose* et je sais des marchands d'andouilles qui en crient encore.

L'*Exposition des Miniatures*, qu'on accompagna, nul ne sut pourquoi, d'une Exposition de gravures étrangement diverse, n'eut point à la vérité une installation qui pût séduire, et le local qu'on lui attribua laissa fort à désirer, mais c'était dans les locaux de la Bibliothèque Nationale, et, si l'on devait, par une échelle de meunier aboutissant à des portes de prison, accéder à des galeries de palais aussi défavorables qu'on le pût rêver à une exhibition de miniatures ; si la brutalité des espaces, la hauteur des voûtes, la disgrâce des comptoirs et des épis, étaient si peu séantes à la préciosité des objets exposés, Bouchot n'en était nullement coupable. Lui qui avait inauguré avec les Primitifs de si gracieuses dispositions, avait été condamné à couvrir l'immensité avec des pains à cacheter. L'honneur qu'en acquit l'initiateur fut d'autant plus grand qu'il avait dû subir, avec le local, une collaboration qui n'avait point certes la même discrétion que lors de l'Exposition des Primitifs. Celle-ci, Bouchot l'avait abordée sans être assuré du but, et sans trop connaître ses moyens ; il en avait retiré pour lui-même comme pour les autres des enseignement inappréciables : à l'Exposition des Miniatures il arrivait au contraire admirablement préparé. De 1892 à 1895, il avait publié dans *la Gazette des Beaux-Arts*, sur

le *Portrait miniature en France*, une série de huit articles
qui témoignaient d'une étude passionnée et qui montraient
en leur auteur l'homme au monde le mieux instruit sur
cette branche de l'art assez négligée jusqu'ici. Il avait
excellé à mettre une vie et un courant d'opinions dans des
monographies biographiques qui eussent pu être monotones ;
il y avait porté de la passion et un tour qui n'était qu'à lui ;
par quoi il avait renouvelé les sujets et leur avait infusé de
cette force dont il débordait. Il était donc prêt pour cette exposition de miniatures ; il savait où trouver les meilleurs travaux de chaque maître, parfois où était conservée un œuvre
entier, avec les esquisses, les souvenirs familiaux, les inté-
rieurs d'atelier, tout ce qui fait le cadre d'une existence. Il
était de ceux auxquels on ne refuse point, même ses plus
chers trésors ; il avait l'art de persuader et la passion de conquérir.

Ainsi parvint-il à grouper le plus remarquable ensemble
de miniatures qu'on ait vu en France, et, malgré les récentes
et plus amples expositions en Angleterre, en Autriche et en
Russie, peut-être le plus complet — pour la miniature française
— qu'on ait vu en Europe. Mais, une fois les divines figures
retournées aux mains de leurs propriétaires, quel souvenir en
garderait-on et comment réunir à nouveau ces membres dis-
persés. On s'en préoccupa et notre ami Manzi demanda à
Henri Bouchot d'écrire l'histoire des artistes dont ces œuvres
attestaient le talent et qui la plupart n'avaient même pas une
ligne dans les biographies. Tout de suite Bouchot se consacra
à ce livre, l'un des somptueux que la librairie française ait
édités et qui peut passer pour un chef-d'œuvre de typographie
et de gravure. Mais le prix en est naturellement très élevé

et la circulation en fut restreinte. Pour que le public y eût accès, il fallait, à la fois, un moindre format, un luxe moins éclatant et des procédés moins dispendieux. Si le vêtement a perdu de sa splendeur, le corps est demeuré en ce volume où l'on trouvera celui des ouvrages auquel Bouchot s'est peut-être le plus attaché.

L'on a dit que, dans sa vie si brève — car il est mort à cinquante-cinq ans —, il avait publié la valeur de trois cents volumes in-16 de trois cents pages chacun en moyenne — cela de 1876 à 1906, soit dans l'espace de trente ans. On peut croire que, avec les inédits, le chiffre de trois cents volumes serait notablement dépassé. Cela n'en fait pas moins dix volumes par an, en dehors du travail professionnel. S'il n'eût guère été possible que dans certains la hâte ne se fût pas montrée, ce n'est point dans celui-ci, constamment repris et tenu à jour depuis 1892 et auquel, par suite, Bouchot se trouve avoir consacré le meilleur temps de sa maturité.

*
* *

Voici dix-neuf ans, Henri Bouchot me dédiait ses *Femmes de Brantôme* et depuis lors son amitié m'est restée constamment fidèle. Il n'avait point affaire à un ingrat. Sa veuve dont le pieux et actif dévouement entoure sa mémoire d'un culte admirable a souhaité qu'en tête de ce dernier livre — livre posthume presque — mon nom parût près de celui d'un ami dont mieux que quiconque j'avais admiré l'infatigable labeur. Venant comme je fais après tous ceux qui ont loué Henri Bouchot et qui lui ont apporté une gerbe d'hommages vraiment admirables, après ses confrères de Paris et de Besançon, ses subordonnés et ses collègues, après ses amis d'enfance et ses successeurs dans les académies : MM. Jacquet, Antoine Thomas, Jules Guiffrey, Courboin, Paul Durrieu, Grandmougin, Gazier, Bourdin, Chapoy, Edmond de Rothschild, je ne puis déposer au pied du monument que voulut ériger à sa mémoire la piété de ses compatriotes, que des paroles banales et déjà dites. J'eusse voulu mieux parler ; car ce n'est pas assez qu'on ait fait valoir le poète bisontin, le narrateur attentif et narquois des mœurs franc-comtoises, le chartiste averti, le critique sagace, l'iconographe le plus érudit qu'on ait vu de longtemps, le styliste qui avait le plus soigneusement taillé et reforgé son burin, le travailleur qui, sans un instant de lassitude, abattait les besognes et suffisait à toutes, si contradictoires qu'elles parussent, il eût été bon de dire que ces qualités dont beaucoup étaient acquises se greffaient sur des dons de nature, essentiels pour un écrivain, tels que le goût, inappréciables pour un iconographe, tels que la mémoire des images, indispensables à un critique, tels que le sens des faires et la juste distinction des originaux. Par là, Henri Bouchot se doit placer hors de pair et de très loin domine le groupe des écrivains auxquels on eût voulu le comparer, auxquels manque justement cette vertu première : d'avoir suivi leur vocation, de ne se point forcer à parler de ce qu'ils ne comprennent pas, à discerner ce qu'ils ne voient point, et à juger des arts graphiques avec le tact d'aveugles-nés. Lui il était de ceux qui font par métier ce qu'ils eussent fait par passion, qui aiment leur travail plus que la vie — plus que la vie, dis-je, et cela est cruellement vrai pour Henri Bouchot. La dernière fois que je le rencontrai, en chemin de fer, venant de

Saint-Leu à la Bibliothèque, je fus atterré de son air de lassitude ; il corrigeait alors les dernières épreuves de ce livre et
l'éditeur désirait qu'il se pressât. Mais au moment d'en parler
à Bouchot, je sentis tellement cette fatigue que je me tus.
« Encore un coup de collier, me dit-il, et je me reposerai. »
Nous parlâmes de l'Institut, de nos études communes, des
choses qui, jadis, le passionnaient. Quel changement en lui !
Je pensai : « Le repos, où trouvera-t-il le repos ! » Huit jours
après, exactement, il l'avait trouvé. C'était une noble vie qu'il
avait ainsi donnée au travail et à son travail, une vie de brave
homme dont il restera des œuvres — et celle-ci n'est pas des
moindres. Et au fronton de son dernier livre, le dernier que je
lui aie demandé d'écrire, j'accroche ici cette couronne que
j'eusse voulu tresser d'immortelles.

Frédéric MASSON
de l'Académie Française.

Octobre 1909

LA
MINIATURE FRANÇAISE
1750-1825

PRÉLIMINAIRES

L'accord est unanime : le portrait miniature en France restera comme l'aboutissement le plus heureux d'un art déjà très ancien, dont notre tempérament national s'accommoda fort. Aucune région d'Europe n'avait porté l'illustration des manuscrits, la décoration menue et précieuse, à une plus haute perfection que nos vieux enlumineurs. Les générations successives s'étaient entraînées à ce jeu, et après cinq siècles, quand les manuscrits n'eurent plus la faveur, l'art du miniaturiste se chercha un décours dans le portrait. Ce fut sa plus grande gloire, et à nos yeux, une orientation très profitable. Car ce ne sont plus là des scènes idéales, des compositions fantaisistes nées des goûts d'une époque ; c'est dans une expression spirituelle, pimpante, exquise souvent, l'effigie de gens ayant vécu, d'ancêtres à nous, dont

I

les noms, les attitudes et les costumes, pris sur nature, nous instruisent et nous amusent infiniment. En les étudiant et en les admirant, nous n'oublierons pas que, dès le xiiie siècle, les peintres avaient, d'âge en âge, préparé ce bouquet final, et que tout en eux avait tendu à la perfection dans le genre. Philosophes au moins autant que dessinateurs et compositeurs, on les avait vus tour à tour dramatiques, humbles et doux, ironistes ou railleurs. Parlant de la miniature à quelques années de la Révolution, le peintre Leprince en célébrait les mérites : « Ce genre, disait-il, est susceptible de tout ce qu'on appelle l'esprit dans l'art du dessin et de la peinture, ou plutôt il ne peut vivre que par l'esprit. »

Le temps vient où quelque écrivain sagace et libre sera tenté par un livre à écrire sur le portrait miniature en France, de ses origines jusqu'à nous. On lui peut annoncer des surprises et un plaisir rare, car c'est là sujet très nouveau et digne de retenir l'attention. La réunion d'œuvres mal ou point connues, étudiées seulement par des érudits impropres aux synthèses, fournira de sensationnelles révélations. On aura loisir de démêler ce que les plus anciens artistes de notre sol, ni trop idéalistes, ni trop naturalistes, ont su imaginer de subtil, de sincère et de malicieux dans le rendu de la figure humaine. En suivant la descendance des Primitifs jusqu'à leurs successeurs du xviiie siècle, en interrogeant les missels les plus modestes, mille trouvailles se viendront imposer, qui déconcerteront les phrases trop

hâtives et établiront des certitudes. On s'y convaincra
que l'art de portraiture doit au moins autant aux nôtres
qu'à l'étranger illustre, voisin et rival. Il y aura intérêt
à dire de telles choses et à les prouver, non par gloriole vaine, mais pour simplement rendre à chacun sa
part dans l'épopée.

Que les enlumineurs d' « histoires » bibliques aient
emprunté parfois aux Italiens ou aux Flamands certains
motifs de compositions banales, qu'ils aient subi — on
l'a trop dit, mais que prouvent les phrases, en vérité ? —
la loi exotique, ou la redite hiératique des ambulants de
l'art. le cas peut à la rigueur se défendre. Mais il y
aurait du parti pris et de la naïveté à reconnaître cette
influence dans le portrait, lorsque l'effigie s'en montre si
décisive, si particularisée qu'on peut, après cinq siècles
révolus, démêler les caractères ethniques, les stigmates
persistants et affirmés d'une race, les signes servant encore aujourd'hui à distinguer l'Italien du Flamand, ou
l'Allemand de l'Espagnol. Bien mieux, divers apports,
qui ne peuvent s'emprunter au voisin, contribuent à
écrire des nuances et à fortifier l'impression qu'on a d'être
en présence de Français. Les tares physiques même
viennent corroborer les opinions déjà très fortes, par les
continuités qui se sont transmises des ancêtres à nos
contemporains. Le roi Charles V, au grand nez, se
retrouve dans l'instant aussi communément en France
que le duc de Berry, chauve, replet, épicurien et apo-
plectique, s'aperçoit parmi les bourgeois de nos villes,

amoureux de tranquillité et de bonne chère. La reine
Jeanne de Bourbon elle-même, avec son masque hommasse et bien portant, est de type courant dans nos
campagnes.

Pour traduire en dessin de pareilles physionomies, le
peintre d'autrefois ne rusait ni ne mentait. Il lui plaisait de tout exprimer, même le pire, même la difformité.
Bien longtemps avant les peintres, les tailleurs d'images
en pierre avaient admis ce principe audacieux, et peut-
être humoriste, dans les sculptures de cathédrales. A
leur suite, les décorateurs de livres d'heures ne s'embar-
rassèrent point de fioritures idéalisées et fausses. Un chat
restait un chat, et une laideron ne s'embellissait guère
sous leur pinceau malicieux. On l'a vu maintes fois pour
des reines bossues, des rois ou des princes disgraciés.
Ainsi se put établir, d'époque à autre, une formule très
particulière, pleine de conscience, de liberté, faite d'une
observation méticuleuse et un peu railleuse de la pauvre
nature humaine, notant le poil rare, comptant les rides,
et, par atavisme, orientée dans le sens de la critique et
de l'impertinence.

Sur le fait de technique, en tant que marche d'un procédé, des vieux à nous, peu de transformations notables. La
pratique attentive du peintre de petites figures ne s'est
changée, ni dans l'esthétique, ni dans les moyens usuels,
ni dans les matériaux employés pendant quatre cents
ans. Le parchemin était la base ordinaire, le « champ »
de ces sortes de travaux. On le prenait léger et souple,

on le ponçait, et à l'aide d'un pinceau ou d'une plume
on y inscrivait l'esquisse de l'histoire ou du portrait.
Ensuite on passait à la couleur, les habits et les fonds,
en réservant la figure et les mains ; celles-ci recevaient
du parchemin la teinte utile aux chairs, qu'on ombrait
délicatement de hachures ou de pointillés aux endroits
voulus. Tel se montre le miniaturiste Pucelle, au milieu
du xive siècle, à Paris ; tels apparaissent, sous Louis XIV,
Samuel Bernard ou Du Guernier, et sous Louis XV,
Massé ou Péters. A peine quelques innovations se
sont-elles produites dans le choix des tons, dans la
manière de présenter une scène. Le portrait qui, jusqu'au xvie siècle, était demeuré l'exception, et comme un
accessoire, avait pris, au temps de François Ier et sous
ses successeurs, une importance décisive. Les femmes
de Brantôme aimaient à se parer d'un bijou orné d'une
portraiture amie par François Clouet ou Dumonstier.
Otés les costumes des personnages ainsi représentés,
il deviendrait difficile d'en assigner la paternité à Clouet
plutôt qu'à Fouquet ou à Perréal, à Dumonstier plutôt
qu'à Petitot ou à Strésor. Même parchemin toujours,
même coloris, mêmes rendus minutieux, mêmes poses
mornes et figées, même audace à ne rien passer au modèle.

Peu de procédés graphiques ont, dans le monde, une
ascendance mieux établie et reconnue, la sculpture mise
à part. La peinture à l'huile, la gravure d'estampes,
l'émail peint ont égaré leur état civil ; les grammairiens

spéciaux en disputent volontiers sans beaucoup s'entendre. L'émail champlevé est d'extraction héroïque et lointaine : mais quand on le voudra traiter au pinceau et en faire un rival de la miniature, il sera un tard venu, peut-être né au milieu du xve siècle, et naturellement baptisé florentin. Lui non plus d'ailleurs ne variera guère de Jean Fouquet ou de Léonard Limosin à Petitot et à Augustin. Sauf que les chimies aient fourni aux modernes de nouvelles recettes, l'émail, comme l'imprimerie, s'est révélé à peu près définitif dès la première heure. Sur une plaque métallique, or, argent ou laiton, le peintre exécute son dessin au pinceau ; les couleurs en poudre s'appliquent ensuite et se cuisent à un feu intense. Les mécomptes de ce passage au feu étant fort nombreux, l'émail resta toujours une œuvre de haut prix, dont la supériorité s'affirmait par une résistance plus grande, et le sertissage facile dans les pièces d'orfèvrerie.

L'émail trouva dans l'atelier de Petitot, au commencement du règne de Louis XIV, une assise et une perfection décisives. La palette de poudres fusibles y avait été ramenée à six ou sept teintes, dont on devait calculer les effets avant la cuisson. Un beau vert s'obtenait par le safran de Vénus ; le jaune intense, par de la rouille de fer ; le blanc, par la chaux d'étain ; le bleu, par la chaux d'argent ; le rouge, par la limaille de fer ou l'orpiment salpêtré ; le noir, par le jais. Mais le Français, hâtif, dédaigneux de contraintes et pressé d'agir, n'accorda jamais à l'émail qu'une considération restreinte. A la suite de Petitot, les Genevois prirent dans le genre une habileté de pratique industrielle très incontestable : toutefois, il leur fallait demander aux artistes français le froufrou, la finesse, le gracieux, qui manquaient essentiellement à leur manière ; tous n'y parvinrent pas.

A son tour, la miniature-portrait, délaissant le parchemin, allait découvrir, aux environs de la bataille de Fontenoy, une « matière divine », un dessous à la fois résistant et clair, crémeux et rosé, tout à fait dans le ton de chair des marquises poudrées : c'était l'ivoire. Pourquoi l'admit-on seulement alors, quand on le connaissait depuis des siècles ? Et pourquoi aussi, tout à coup, cette faveur irrésistible ? Chacun a donné une bonne raison et dit son antienne à ce propos. Le vrai, c'est qu'on était en ce moment à la passion, à l'engouement pour les boîtes à mouches, pour les coffrets, les éventails taillés dans l'ivoire, et que de belles personnes eurent idée d'y faire mettre leur figure. On trouva tant d'agrément à cette fantaisie que la faveur devint fureur, et que les artistes proclamèrent exquise cette matière inopinément offerte à leur pinceau. Quelques-uns présumèrent d'insinuer un paillon d'or en transparence, et ceci donna un éclat encore plus chaud à l'ivoire. On convint que celui-ci l'emportait décidément sur la peau de vélin, et sur le papier de carton que les plus modestes artistes avaient momentanément substitué au parchemin pour le portrait. Bientôt l'ivoire aminci, débité en tablettes, déjà devenu indispensable, commença son tour du monde — d'Europe à

tout le moins — partout plaisant, partout accueilli et
fêté. L'effigie mignarde qu'on lui confiait avait un peu
transformé la grammaire séculaire du miniaturiste. On
aquarella moins, parce qu'on rencontrait de la résistance
en l'ivoire lisse ; au contraire, la « gouasse » épaisse
donnait à ces mignonneries l'aspect d'une peinture à
l'huile, qui permettait le papillotage du pinceau, les cha-
toiements, les accents et les rehauts, et qui s'arrangeait
à ravir de ce dessous réchauffé et scintillant. Dès la disparition de l'Académie de Saint-Luc en 1776, où l'on
comptait encore quelques tenants attardés du papier ou
du vélin, l'ivoire triompha définitivement.

De génération à autre, à part de rares secrets particu-
liers, les miniaturistes se transmettaient la composition
de leurs palettes, la même à peu de chose près pour tout
le monde. Il était convenu, vers la fin de l'ancien régime,
qu'un portraitiste sur ivoire avait à sa disposition dix-
sept ou dix-huit couleurs diverses pour les chairs. Les
plus soigneux disposaient les tons par ordre, sur une première palette en ivoire résistant. Le carmin, le minium,
le massiat, le jaune de Naples, l'ocre, l'ocre de rue,
tenaient le premier rang ; l'outremer, la cendre bleue, la
terre de Sienne, brûlée ou non, la laque, l'ocre rouge, le
stil de grain venaient ensuite ; enfin, au troisième rang,
le brun rouge, le bistre, la terre de Cologne, l'indigo.
Une seconde palette contenait le vermillon, l'orpin jaune
et rouge, la terre d'Italie, le bleu de Prusse, le noir
d'ivoire ; une troisième, les blancs, blanc léger et blanc

de plomb, l'encre de Chine, le vert de vessie et encore
de la terre de Cologne. Mais déjà, sous Louis XV, l'industrie privée se substituait à l'artiste pour la préparation de ces couleurs. La belle conscience s'émoussait :
bien peu de peintres consentaient à broyer et à sécher les
produits indispensables, comme aux temps héroïques. On
se fournissait chez Antheaume, chimiste, rue d'Enfer :
on prenait ses tablettes toutes poncées chez le spécialiste
Chéron, les pinceaux à la Gerbe d'Or, chez les demoiselles
Duchemin.

La vogue un peu intransigeante prise par le portrait
sur ivoire, sa joliesse, sa délicatesse, sa gaieté, son intimité surtout, tant de qualités donnèrent à ses pratiquants
un rang à part. L'Académie les admettait dans ses
places au même titre que les peintres d'histoire ; de fait,
pas un d'entre eux n'eût failli d'écrire une grande page
sur toile au cas qu'on l'en eût requis. Pour ces élus ou
ces agréés du corps royal, aucune difficulté à s'affirmer.
Ils avaient les expositions dans le Salon carré du Louvre.
qui apportaient périodiquement une satisfaction d'amour-
propre ; mais les modestes, les inconnus, les débutants ?
A vrai dire, d'ailleurs, les miniaturistes agréés n'avaient
point les assises qu'ils se fussent rêvées. Leurs œuvres,
petites, microscopiques même, étaient écrasées par les
dimensions exagérées de la salle et par le voisinage très
proche de toiles hautaines et encombrantes. De 1737 à
1791, le soin des rangements avait successivement été
dévolu à Vien, à Lagrenée, à Amédée Vanloo, dont

l'intérêt n'était pas de mettre les miniaturistes en belle posture. Ni Hall, ni ses congénères ne marquaient beaucoup dans les placements ; on les accrochait en bouche-trous ici ou là, au petit bonheur. En 1785, on suggéra à Lagrenée de répartir des épines aux endroits les moins encombrés, afin de sauvegarder les droits des petits ; on le fit, mais on vit bien que dans le public la miniature n'intéressait que les femmes du monde, ce qui se notait alors comme une infériorité indéniable.

Au rebours de la grande manifestation officielle, l'Académie de Saint-Luc, confrérie autorisée et reconnue des artistes, offrait à un plus grand nombre de peintres l'occasion de se produire. Malgré tout, les miniaturistes y étaient assez clairsemés en 1762 ; en 1764, on les voit apparaître en nombre ; en 1774, ils sont presque la majorité. Rien ne constate mieux la faveur croissante dont jouissait alors la miniature-portrait. Mais une condition déroutait un peu les exposants, c'était le côté ambulant de ces exhibitions. En 1751, on avait réuni les œuvres envoyées dans une salle des Grands-Augustins ; en 1752, on se transportait à l'Arsenal ; en 1762 et 1764, rue Saint-Honoré, à l'hôtel d'Aligre, puis rue Saint-Merri, à l'hôtel du célèbre Jabach, dans le courant d'août 1774. La suppression des communautés confraternelles, en 1776, fut, pour les miniaturistes, un nouvel ennui. Une consolation transitoire leur avait été donnée dans les bâtiments du Colisée ; son succès causa sa perte. L'Académie royale s'en émut, cria à la concurrence, à la ruine de ses privilèges ; elle obtint des pouvoirs publics que la tentative ne se continuât point.

Entre temps, les expositions de la Jeunesse, à la place Dauphine, avaient recruté quelques débutants inconnus ; mais les difficultés d'installation et le côté bazar de ces exhibitions en plein vent déconcertèrent les plus résolus.

Nous serions donc sans beaucoup de renseignements si Pahin de La Blancherie nous eût manqué.

Ce La Blancherie, que nos snobismes tendent à tirer de l'oubli, était « un faiseur de spéculations ». Les contemporains, aux environs de 1780, disaient ainsi : nous dirions un chevalier d'industrie, mais ce serait outrageusement méconnaître un des hommes les plus déterminés et les plus avertis de sa génération. La Blancherie, qui avait imaginé une sorte de Salon de *correspondance*, où les savants, les littérateurs, les artistes eussent expliqué leurs idées dans un bulletin périodique, s'avisa que des Salons permanents, ouverts aux peintres, suppléeraient, dans une certaine mesure, à l'absence d'expositions secondaires. Ses projets visaient surtout les miniaturistes, un peu sacrifiés, dont les œuvres s'imposaient de jour en jour davantage, et qui, dans le goût public, tenaient le dé contre les maîtres officiels. Très habilement il tablait sur les impossibilités qu'un jeune talent dans le genre trouvait à se produire ; il s'offrait donc, moyennant quelques louis d'abonnement, à faire ce que tentent aujourd'hui certains cercles, à fournir un local où tout le monde pourrait installer ses œuvres, dont la critique s'occuperait dans le Bulletin de correspondance.

Fort de l'appui du vieux Franklin, de Condorcet, de Lalande, qui lui ont, dès l'origine, apporté l'agrément de l'Académie des Sciences, La Blancherie débute fort modestement. Son illustre comité se réunit, à de certains jours, « en un galetas du collège de Bayeux, où il n'y a pas même de chaises, et où il faut rester debout depuis trois heures jusqu'à dix heures du soir ». Voilà qui égaya fort la verve des publicistes, lesquels ne pouvaient pardonner « au jeune audacieux » d'avoir eu au moins une idée, — chose déjà grave, — et de l'avoir rendue pratique, — chose plus grave encore ! Pour ces jaloux, cette entreprise « est la plus folle, la cotterie la plus platte et la correspondance la plus vuide ! » Ce garçon, que son affaire occupe et qui ne répond guère aux sarcasmes, est un « intriguant », un « charlatan », dont toute l'ambition consiste à troquer son galetas contre un logis de meilleure apparence, aux frais de ses dupes. En vérité, n'est-il point fort plaisant de voir un croquant qualifié d'*Agent général pour la Correspondance*, et son bulletin titré : *Nouvelles de la République des Lettres et des Arts !*

C'était presque la gloire. La Blancherie ouvrit sa première exposition dans les commencements de 1780. Toutes proportions gardées, ce Salon présageait, à cent ans d'avance, ceux de l'*Épatant* ou du *Volney* ; sans lui, que d'artistes dignes de considération nous fussent restés

inconnus? Mais le malheur voulut que La Blancherie
tombât malade, et comme il était le maître Jacques indispensable de l'affaire, son journal cessa de paraître. On le
prétendit en faillite et surtout malade « de la bourse ».
Fausse joie pour ses détracteurs. En 1781, il est guéri ;
il ressuscite plus fort que jamais. Il a loué l'hôtel Villayer,
rue Saint-André-des-Arts, et s'y installe sous la protection de seigneurs fort huppés. Pour deux louis, on fait
partie de la *Correspondance :* avec vingt-cinq livres de
plus, on a droit à la réception du Bulletin périodique. Le
15 octobre 1781, les « honnêtes gens », revenus de la
campagne, trouvent le Salon ouvert, et, dans ce Salon,
un choix de miniatures qui feront la joie des dames.

Protégé par le duc de Charost, le cardinal de Rohan
— celui du collier, — l'archevêque de Bourges, le président Rolland, le marquis de Crussol, et Condorcet
encore, La Blancherie triomphe. Il se croit assez sûr du
succès pour tenter une incursion à l'étranger, et il part
pour la Hollande, où on le reçoit sans enthousiasme. Il
revient à Paris, et, dans l'intention de corser l'intérêt de
son Salon, il rêve déjà d'expositions rétrospectives spé-
ciales à l'œuvre d'un artiste. Pour le début, il choisit
Joseph Vernet; mais s'il réunit assez facilement des
tableaux du maître, il oublie de le prévenir, et Vernet
proteste. L'Académie n'aime pas ces initiatives privées;
elle se joint à Vernet, et met M. d'Angivilliers dans le
débat. En dépit de tous, et par faveur spéciale, La Blancherie expose ses Vernet quand même.

Jusqu'en 1786, il accueille les miniaturistes non académiciens ; il les loue dans son Bulletin, il les exalte souvent. C'est à lui que nous devons des mentions utiles sur divers artistes, tous inconnus, que l'Académie n'a pas agréés encore ou qu'elle ne recevra jamais. Puis, tout à coup, La Blancherie s'éclipse ; son Bulletin cesse de paraître ; il laisse, dit-on, un passif de 40.000 livres !

Donc, tandis que le portrait miniature occupe toute une pléiade de talents précieux et rares, quand duchesses ou bourgeoises raffolent de ces bibelots troussés en joie, musqués et pimponnés à leur image ; quand Hall connaît la gloire, quand Sicardi ou Dumont débutent, quand Augustin et Isabey s'essayent, La Blancherie tout seul leur offre un asile permanent. Aux Salons solennels de l'Académie, ce sont là de petits talents ; nul ne s'y ose longtemps attarder. Il faut un Gabriel de Saint-Aubin, précurseur en mille choses, pour se donner le genre de croquer au passage, sur un feuillet de catalogue, l'envoi de Hall ou de l'émailliste Pasquier. Il ne reste aux génies moyens que le Salon de la Correspondance. Mais tous ne disposent pas de trois louis pour une réclame ; La Blancherie même échappe aux pauvres. De là nos incertitudes en présence de signatures. Très souvent, un minois peint à miracle, tout à fait digne d'admiration, s'offre à nous sous un nom inconnu ; on demeure stupéfait que des talents si complets restent indéterminés. Où chercherons-nous le fil, si La Blancherie reste muet ?

Lui disparu, on eut, en 1791, le Salon libertaire de la

rue de Cléry, laissant les plus modestes voisiner avec les maîtres, Augustin ou Isabey avec le révolutionnaire Sembat, dont les facultés étaient bornées et le travail minable. Mais tout le monde ne consentait pas à ces promiscuités rabaissantes, non plus qu'à l'enrégimentement, à l'obligation d'envoyer des cadres de dix-huit pouces sur vingt-quatre. Quand le Salon de la ci-devant Académie, déchu de ses privilèges, ouvrit ses portes à tout le monde, ce fut la cohue, l'incohérence, dont le livret, bouleversé et bâclé pêle-mêle, donne la plus folle idée.

Très vainement avait-on doublé les épines, garni les couloirs et les paliers, multiplié les recoins, la marée envahissante déferlait. De très libéraux esprits détestèrent « cette horde » où la médiocrité souveraine écrasait le talent, et où l'audace s'imposait, outrecuidante.

Les miniaturistes allaient sortir de l'Académie pour n'y plus rentrer jamais, sinon qu'ils eussent d'une autre guitare à jouer. Vestier, Dumont, Mosnier, bien d'autres encore qui y avaient siégé, ne furent point réadmis aux classes de l'Institut. Augustin, l'un des plus illustres, Isabey même, si bien en cour sous tous les régimes, n'en furent point non plus.

Ce fut, pour Isabey, une désolation, une obsession de toute la vie. Quelqu'un lui objecta : « A quoi bon répéter que vous n'êtes pas académicien ? Tout le monde croit que vous l'êtes, cela vaut mieux, en somme ! » Critique à part, Isabey eût fait, à l'Académie des Beaux-Arts, aussi honorable figure que d'autres.

Par malheur, et en dépit des bouleversements politiques, les miniaturistes demeuraient attachés à leurs traditions ; ils étaient restés ancien régime, de main, sinon de goût. David reprochait à l'ivoire d'avoir célébré trop d'aristocrates ; cet art de bonbonnière exaspérait son classique acerbe et dominateur. L'Institut proscrivit la miniature.

Nous voici, dans la minute présente, engagés dans l'exagération contraire, et nous accordons à ces petites œuvres coquettes une importance hors de proportions. Elles plaisent à nos curiosités par leur glorieuse carrière passée et l'ancienneté de leur race.

Ceux qui pratiquent encore la miniature perpétuent inconsciemment une technique séculaire et quasi immuable. Il faut dire cependant que notre génération goûte de préférence la partie de sa chronique qui va de 1750 à 1815, de Louis XV à la fin du premier Empire. Il semblerait que ses tenants d'alors eussent deviné nos extases modernes un peu factices, un peu entachées de mercantilisme, et les eussent flattées par avance. Jamais les contemporains de Mosnier ou de Rouvier ne leur firent pareille fête que nous-mêmes ; c'est, actuellement, le délire, aguiché par l'appât d'une affaire excellente. Combien sont clairsemés, de par le monde, ceux qui recueillent ces adorables choses pour leur plaisir, sans nulle préoccupation de snobisme ou de bon placement ! Là est le pire de l'histoire, car, afin que ce placement vaille, on fait à ces reliques un brin de toilette moderne,

on les encadre d'or, on les viole de mille sortes. On voit
de ces objets réellement trop beaux et trop complets,
visiblement accordés à nos emballements. Ils font peur;
et il n'en faut dire plus. Mais de véritables amateurs
restent, qui conservent jalousement à leur trésor le
verre sali et strié de l'ancien temps, dont la pâleur est
douce et l'aspect un peu passé, comme celui de ces fleurs
oubliées par une grand'mère entre les feuillets d'un livre
très vieux.

I

JEAN-BAPTISTE MASSÉ ET SA LIGNÉE ARTISTIQUE

On a sur Massé, précurseur de Hall, quelques préci-
sions. Il n'est, à proprement dire, que le maillon d'une
chaîne, le peintre de transition entre deux régimes d'art,
entre Le Brun et Boucher. Il a étudié chez Jouvenet ;
même il eut le désir de graver et Chastillon l'instruisit
dans cette partie. Il voulut aussi tenter l'émail, et l'émail
surtout parce que son père, joaillier riche et peu enclin
aux aventures, ne lui laissa loisir de faire de la peinture
qu'à ce prix. Pour cet homme d'une belle prudence
commerciale, la renommée de Petitot, connu pour un
seigneur très riche, était une indication favorable. Son
fils, Jean-Baptiste, né en 1687, reçut donc une approba-
tion retenue, moyennant qu'il s'engageât à imiter Petitot.

C'était alors la Régence et, pour la génération nouvelle, l'étoile du maître émailleur de Louis XIV pâlissait
sensiblement. Les enthousiasmes de Massé père avaient
du retard. Les dames, dont la coiffure s'était abaissée et
dont les jupes se ballonnaient, riaient très indécemment

de Madame de Maintenon et de ses *fontanges*. On veut
folâtrer alors et non continuer le jeu des pruderies de
l'ancien règne. Jean-Baptiste Massé entre de plain-pied
dans ces goûts. A peine sorti de l'atelier, on le sent un
tempérament ; même, il grave tout aussi bien qu'il peint,
et il peint excellemment à l'huile, en miniature et en
émail. Il prend du renom de la façon jeune et inédite
dont il interprète ses modèles, et dont il souligne les
fantaisies de la récente observance mondaine. Il n'a pas
trente ans que sa carrière est assise.

Une circonstance prévue l'arrête : il est protestant, « prétendu réformé » comme Jacob-Marie, son père, et comme
Suzanne Lance, sa mère. Mais il n'est pas sans caractère
et entend demeurer de sa religion, lui en dût-il coûter
beaucoup. Sous Louis XIV, le cas aurait eu de la gravité :
pour le Régent, la Révocation de l'Édit de Nantes était
« une histoire bien rouillée ». Massé, qui avait obtenu,
en 1720, la commande de boîtes peintes pour le service
des *Menus*, qui avait plusieurs fois donné le portrait du
Roi en émail — entre autres celui d'une bonbonnière
offerte à Lord Stain, ambassadeur d'Angleterre, œuvre
payée à l'orfèvre bien près de cinquante mille livres —
lui encore qui venait en 1723 d'obtenir le privilège de
graver la galerie de Le Brun à Versailles, Massé, presque
officiellement peintre de Sa Majesté et des princes, recherché, fêté comme nul autre jamais, tourna tout naturellement ses regards vers l'Académie. C'était la consé-
cration indispensable à un artiste pour prendre rang.

Massé la souhaitait, sauf pourtant qu'elle lui imposât une abjuration repoussée avec énergie. Philippe, duc d'Orléans, régent de France, n'aimait guère qu'on ravivât sur un nom célèbre des querelles de cette nature. Massé avait peint le Roi et la Reine à diverses reprises ; il avait un talent certain, de la liberté et du courage, pourquoi lui eût-on tenu rigueur d'une situation dont il était innocent ? Les académiciens s'étaient bien un peu émus ; mais sous tous les régimes les gouvernants savent, s'il leur plaît, mettre de la désinvolture à tourner les règlements. Massé entra à l'Académie, par ordre. On était en 1734 ; il n'avait que quarante-sept ans.

Dans son *Abecedario*, Mariette nomme Massé avec quelque dédain ; on sent que l'amateur épris de raphaélisme et de belle taille ne réserve au graveur de Lebrun qu'une considération des moins distinguées. En miniature, il le proclame inférieur à cette Rosalba Carriera dont les portraits nuageux et bleuâtres eurent vers ces temps une réputation. Aux yeux de Mariette, Massé a de l'agrément et de la netteté dans le travail, de la propreté même, « ce à quoi il faut s'attacher quand on veut plaire à la multitude ». Seulement, son genre est froid et manque de verve ; entendez que Massé n'imite ni Raphaël ni Raimondi, qu'il s'est débarrassé de Lebrun et que la « verve » classique lui paraît surannée.

Voltaire ne parlait pas comme Mariette, et Voltaire, dont le goût personnel ne compte point, est le porte-parole d'une opinion courante dont il faut faire état. Dans les épîtres de M. Arouet, Jean-Baptiste Massé est un artiste de son temps, non de celui de Léon X. Il tient dans la littérature la place de Janet Clouet dans les auteurs du XVIe siècle : il est un protagoniste, un chef d'emploi dans le genre de petit peintre pour boîtes précieuses. Pourquoi devrait-il rappeler Léonard de Vinci ? Voltaire n'y songe pas. Dans une épître au duc de Richelieu, écrite dans le genre mirlitonesque dont il détenait le secret, il décoche à Massé une louange non médiocre :

> Les traits de Richelieu coquet
> — De cette aimable créature —
> Se trouveront en mignature
> Dans mille boîtes à portrait
> Où Massé mit votre figure.

Vers singuliers, mais intention parfaite, qui aura une accentuation dans sa pièce de l'*Indiscret* lorsqu'un des personnages s'écrie :

> Regarde ce portrait...
> Çà, dis-moi si tu vis jamais de tes deux yeux
> Rien de plus agréable ou de plus précieux
> C'est Massé qui l'a peint, c'est tout dire !...

Au point de vue de vue de l'art sublime et ennuyeux, Mariette aurait peut-être raison ; nous aurions aujourd'hui tendance à écouter Voltaire. L'opinion de Mariette s'était faite avant l'heure favorable ; nous trouvons dans l'œuvre de Massé tout autre chose, parce que nous possédons l'ensemble et que nous en découvrons les suites

très heureuses. Pour dire vrai, Massé était en avance
sur son époque. Il en était bien encore au parchemin,
au papier de cartes, à l'émail de Petitot, mais il vivait
dans une autre atmosphère que ses vieux patrons. Son
jeu dégagé, tout moderne déjà, se réclamerait plus de
Rigaud que de Jouvenet, et autrement plus de Boucher
que de Mignard. On connaît de lui, chez M. Edmond
Taigny, un portrait de beau seigneur, qu'on disait être le
peintre Natoire — lequel n'est sûrement pas Natoire —
mais qui nous paraît excuser Voltaire et taxer Mariette
de parti pris. Rien n'est mieux. Hall lui-même ne saura
surpasser cette effigie chatoyante, d'une élégance maniérée et noble. Là est le secret de ce que tenteront plus
tard les artistes du siècle, Roslin, Hall ou Mosnier, goua-
chistes, froufroutants, chercheurs de velours et de soie et
qui sauront, à l'exemple de Massé, trouver, dans la perfection du visage ou des mains, un équilibre heureux à
tant d'accessoires envahissants. Donc, à la première
heure, Massé a mis dans l'art du miniaturiste un élan ;
il lui a communiqué l'appât affriolant des coquetteries,
au temps précis où toutes choses sont au luxe, à la
recherche, à la galanterie raffinée. Natoire, si l'on veut,
le portrait de la collection Taigny, mais tout aussi bien,
ou plutôt mieux, quelque fermier général de belle mine.
Opposé aux pratiques falotes de cette Rosalba qui nous
vint un instant, et s'imposa par des qualités de femme
spirituelle et bonne, quel abîme ! Même, si l'on se donne
la peine d'approfondir les légendes, que nous a laissé —

on ne dit pas de comparable, mais seulement d'approchant — cette fille généreuse, d'une laideur si étrange, et d'une si belle âme, qui avait promené en tous lieux d'Europe ses figurines naïves à l'aspect de pastels trop petits? que lui a donc pris Massé? Quel heureux et profitable secret lui vint d'elle, en vérité? Non pas le dessin, non pas la couleur non plus, ni le rendu des physionomies, ni la grâce des mains. L'idée de Mariette n'est pas sans provoquer une surprise ; il était convenu de le réputer meilleur juge.

Tout de suite la formule de Massé avait plu, et c'est chez les Drouais, père et fils, qu'elle s'installa d'abord. Tous deux lui feront emprunt de ses moyens dans leur nouveauté. Du moins a-t-on voulu retrouver la main de Hubert Drouais le fils dans la miniature d'un homme en habit de gala assis au milieu d'un parc, et qu'on tient pour François Boucher. Ici, tout est déjà en progrès sur Massé, et, lorsque Hall le Suédois apparaîtra en France, à peu près à la même date, on ne lui aura rien laissé à découvrir de plus parfait ni d'aussi subtilement écrit que cette pièce extraordinaire. Autour du tertre en gazon où repose le modèle, tout a été machiné pour faire frissonner les étoffes et verdoyer les arbres sans nullement nuire à la figure. Mais Boucher, en justaucorps de brocart, tenant un livre et méditant, n'est point une conception ordinaire et nous fait bien un peu douter de l'identification. Par contre, une autre gouache sur ivoire montrant le maréchal de Cossé-Brissac, pareillement égaré dans une solitude et ayant déposé son casque à plumes, ne laisse aucun soupçon. C'est bien lui, Timoléon de Cossé, en cuirasse de guerre, lui que Trinquesse nous offrira plus tard en costume de soie à la Henri IV dans une toile grande comme le modèle. Hubert-François Drouais peut être invoqué encore, mais si sa paternité se détermine un jour définitivement, c'est donc que Hall lui doit une bonne part de sa gloire.

Disons, pour mieux établir cette filiation, que le prétendu Boucher date de 1760, et que tout au plus le maréchal de Cossé se pourrait reporter en 1765. Hubert-François Drouais, né en 1727, voisine de près avec la quarantaine. Hall n'a pas trente ans ; quand il arrive à Paris vers ce temps, ce n'est pas en triomphateur. Tout s'accorde donc à délimiter la descendance artistique du Suédois sur le fait de miniature. D'ailleurs, lorsque ses maîtres de là-bas lui avaient conseillé un séjour en France, c'est bien qu'ils le savaient un assimilateur et qu'ils s'estimaient incapables de lui donner le tour de main utile. Entre Massé, les Drouais, Louis Van Blarenberghe et l'émailliste Pasquier, un élève intelligent trouvait à qui parler en France. Il ne se faut point aviser de proclamer Hall un rénovateur de la miniature, un génie inventif et prime-sautier, sans ancêtres, quasiment un Watteau. Ce serait mettre en ses opinions une hâte périlleuse, vite démentie et ruinée.

De spécialistes en émail et en miniature, au temps de Massé, bien peu qui soient autre chose que des enlumineurs d'éventails ou d'images. Ceux qui peignent le portrait sur ivoire ou sur carton d'après le modèle vivant sont des peintres. Plusieurs appartiennent à l'Académie royale, tels Noël Hallé, Courtois ou Pasquier, confrères de Jean-Baptiste Massé. D'autres moindres, mais encore fort sérieux, sont professeurs, conseillers ou agréés à l'Académie de Saint-Luc.

Sur Noël Hallé, on a des dates surtout ; on sait qu'il fut reçu à l'Académie dès 1748, qu'il devint professeur en 1755, et recteur en 1781. Les miniatures qu'il compose entre deux toiles solennelles ne sont guère des portraits.

Nicolas Courtois et Pierre Pasquier sont des émailleurs ; ils se produiront plus tard, et si Courtois intéresse par la conscience et le fini de ses travaux, si nous le pouvons juger d'une assez belle force, dans son propre portrait exécuté par lui en 1770 et appartenant à M. Lecomte Du Noüy, il n'est point une étoile de première grandeur. Au regard de Pasquier, même chanson. Chez lui, c'est la production intarissable, ivoires et émaux mêlés. Admis au Salon de peinture dès 1769, on lui verra fournir à l'exposition de 1771 une vingtaine d'objets divers, au nombre desquels les figures du Roi, de Voltaire, de C.-N. Cochin, de la dauphine Marie-Antoinette, voisineront avec une composition idéale représentant Angélique et Médor.

Diderot, qui n'est tendre à personne, a pour Pasquier un dédain tout paternel et sans gratitude. « Il y a, écrit-il, « un petit Pasquier, peintre en émail, qui a jusqu'à pré-

« sent plus de philosophie que de talent..., mais il est
« jeune et nous avons le temps. Il m'a peint d'après un
« certain tableau de Madame Terbouche, et l'on m'a
« dit que je n'étais point mal. » Ce portrait de Madame
Terbouche montrait Diderot en costume romain : cela
plaisait assez à cet incorrigible fat, mais il feint de le
connaître à peine. Sa grosse malice résidait dans l'ambiguïté de sa dernière phrase : on ne voudrait assurer
qu'il parlât de l'émail de Pasquier plutôt que du tableau
de Madame Terbouche.

Autour de ces hommes, tenus officiellement pour les
premiers dans leur genre, divers seigneurs d'essence plus
modeste trouvent à glaner. On ne parle pas de ce Jacques
Charlier, que le portrait tentera peu et qui copie en
petit les tableaux de Boucher pour des boîtes. C'était
alors là un des principaux débouchés de la miniature et
de l'émail. Massé et Drouais père en avait peint un très
grand nombre, et avec eux la plupart de leurs confrères :
Madame de Pompadour, les filles du roi, tout le monde
raffolait de ces boîtes ciselées, enchâssées d'or et de
pierres, décorées de petits sujets galants, qui atteignaient
à d'énormes prix. Jacques Charlier acquit dans ces travaux une très réelle supériorité. Son chef-d'œuvre avait
été une grande boîte-écrin ornée sur ses faces de douze
grandes miniatures, payées chacune douze cents livres,
ce qui ramenait l'œuvre complète à près de quinze mille
livres, rien que pour la miniature ; disons au moins
quarante mille francs d'aujourd'hui en valeur compara-

tive. Mais Charlier n'est personne comme inventeur ; il n'est qu'un reflet amoindri et amaigri de Boucher : il ne fait guère de portraits et jamais il ne compose.

Cazaubon, un autre contemporain de Massé, n'est plus guère connu que de nom. On le signale aux registres des Menus ; il fait des portraits du Roi, de la Reine et de Mesdames à trois cents livres l'un, dont on orne des tabatières rocaille. Il a pour collaborateur un Louis Durand, peintre émailleur, sculpteur sur nacre et parfois miniaturiste, envers lequel Diderot montre de l'indulgence. La nacre et le talent de Durand, qui fut très sérieux, lui procurèrent une moyenne gloire. C'était un parfait galant homme, un ami excellent et dévoué dont Millin a écrit une notice enthousiaste. Lui, Mademoiselle Bocquet, fille de l'illustre dessinateur des Menus, Nicolas Vennevault et quelques autres de renom moindre se partagent les commandes officielles.

Par Vennevault et Mademoiselle Bocquet, nous abordons les gens de l'Académie de Saint-Luc. Mademoiselle Bocquet est le premier miniaturiste exposant au Salon de 1751, ouvert par la confrérie dans les salles des Grands-Augustins. Pour dire vrai, toutes ces effigies royales ne sont que des transcriptions de maîtres, car les princes accordent rarement des poses à un artiste de second rang. Une des spécialités de Mademoiselle Bocquet était le Louis XV en habit du Saint-Esprit d'après Vanloo : elle y ajoutait des représentations moins solennelles, mais tout pareillement empruntées à d'autres.

Par contre, Vennevault, qui entrera à Saint-Luc en 1752 seulement, qui exposera au Salon ouvert à l'Arsenal, est un artiste original, copiste si on l'y contraint. Diderot ne manque point à le maltraiter et, de ceci, Vennevault pourrait tirer de la joie, car jamais la platitude du critique ne fut plus douloureuse. Il s'agit d'une apothéose du prince de Condé, travail imposé à la pauvreté de Vennevault : « Froide et mauvaise miniature, s'écrie Diderot, mauvais salmis qui n'en vaut pas un de bécasse ! » Sincèrement, Vennevault n'était point seul à faire de méchants salmis.

Jean-Étienne Liotard, « le peintre Turc », se mêla un temps à ces modestes ; il nous venait de Genève, en passant par Constantinople, d'où il rapportait ses prodigieuses sanguines, prises sur nature en Orient ; celles-ci restent aujourd'hui les œuvres les plus modernes et les plus vécues qu'un Orientaliste eût fournies. Liotard était un Suisse étrange, grand rabroueur de personnes, caustique et dédaigneux en apparence et d'une originalité un peu carnavalesque. C'est lui qui, dans ces temps de perruques et de visages glabres, portait très longue sa barbe et troquait son habit à la française contre une pelisse d'Ottoman. Alors, comme nul n'est jamais plus friand de distinctions et d'honneurs que l'homme affectant de n'y tenir point, Liotard visa l'Académie royale. Certes, il eût mérité qu'on y pensât et qu'on l'admît ; mais il était trop en avance de naturalisme ; on ne le comprit pas dans les cercles où Boucher faisait la loi. On le réputa audacieux et commun, on lui refusa l'entrée. Liotard, un peu déconfit, mais soucieux de titres, se retourna du côté de Saint-Luc. Il y avait dix ans d'écoulés depuis son retour de Turquie ; il comptait lui-même un peu plus de la cinquantaine lorsque, dans le courant de 1752, il fut nommé conseiller à l'Académie du second rang. On savait de lui diverses œuvres commandées par les Menus : portraits en miniature ou en émail, à quinze ou vingt louis la pièce, et qui offraient les qualités de précision et de conscience remarquées en ses sanguines. A l'Arsenal, où il parut cette année même, il présentait deux cadres, dont une miniature accompagnée de sa préparation au crayon et son propre portrait exécuté à l'émail.

Cette « bonne maman » Saint-Luc, suivant qu'on se plaisait à désigner le convent des artistes parisiens, se montrait volontiers accueillante pour les étrangers.

Liotard était Suisse, mais Jean-Antoine Péters, qui naissait à l'époque où l'autre visitait les Turcs, qui n'avait que vingt-deux ans en 1762, lors de sa première apparition à l'Académie, était un Allemand d'origine. Très inférieur à Liotard comme peintre, il le surpassait en savoir-faire, en obséquiosité, en soumission habile. Curieux d'objets rares, amoureux de statuettes antiques, enthousiaste de Rembrandt, il devançait, lui aussi, ses contemporains, non par son talent comme Liotard, mais par sa passion avisée de la curiosité. Venu de Lorraine (où on l'avait aperçu presque enfant, travailler de son art de peintre et de miniaturiste à la cour des ducs), il s'était installé à

Paris, y avait épousé Mademoiselle de Villebrune ; il passa trente années de sa vie à réunir l'œuvre gravé de Rembrandt et à peindre lorsqu'il n'avait rien de mieux à tenter. Au Salon de Saint-Luc, installé cette année à l'hôtel d'Aligre, J.-A. Péters s'était dessaisi de divers portraits-miniatures qui lui valurent de l'éloge. Et cependant, après tant de dessins, de gouaches, de minois charmants offerts aux admirations entre 1762 et 1776, de tous les efforts, de toutes les réussites, que savons-nous de Péters ? Une exquise miniature de femme aujourd'hui en la possession de M. Chayet, qui nous permet de comprendre ses succès. Mais les écrivains ne le nomment à peu près jamais. Maze-Sencier l'ignore ou le dédaigne ; à part l'acrostiche, pris sur son nom par un enthousiaste ami, nous en serions à douter qu'il eût été autre chose qu'un collectionneur.

> Peintre fameux, ô toi dont le génie
> Et les vertus et le talent
> Te font triompher à l'envie,
> En paix coule tes jours et ne crains rien du Temps.
> Redoute peu ses coups ; son impuissante rage
> Sur toi ne pourra rien, la Gloire est ton partage !

Hélas ! le Temps a fait son œuvre, et sans Rembrandt, qui en a sauvé bien d'autres de l'oubli, J.-A. Péters, peintre de l'Académie de Saint-Luc, et fort excellent miniaturiste, n'eût point connu la fortune ni la gloire. C'eût été peu, trop peu pour son renom, le portrait de femme signé *Péters*, indiqué tout à l'heure, encore que sa grâce maniérée, issue de Nattier ou de Vanloo, pût servir à excuser l'acrostiche. Mais c'est là tout, et ce ne serait rien, sauf que Rembrandt se mit de la partie. En trente-deux ans de séjour en divers pays, Péters a composé, du maître, une collection d'estampes incomparable, non sans l'intention très arrêtée d'en tirer profit à la bonne heure. L'amateur moderne, averti, industrieux et brocanteur, naissait à la vie. Péters s'est procuré la pièce dite *aux cent florins*, dont les premiers états sont d'une rareté insigne, et que les curieux se disputent déjà avec fureur. Même il a su découvrir la célèbre *Petite Tombe*, dont il a pu très habilement — le truquage non plus n'est pas d'hier — faire un état unique, en grattant la toupie d'un petit garçon aperçu au premier plan. Comptons sur lui pour ne pas laisser ignorer ces choses. Bientôt le cabinet de M. *de* Péters — un homme de cette qualité vaut une particule — excite les convoitises des musées européens. Il renferme 736 pièces rarissimes, triées, choisies par un connaisseur impeccable. A l'empereur d'Allemagne, qui a témoigné quelque velléité d'achat, Péters demande 20.000 livres, ce qui paraît un peu gros pour les finances de l'Empire. Finalement, entre beaucoup de concurrents, ce fut le roi de France qui l'emporta, en 1784. Par l'entremise du marquis de Breteuil, la pièce *aux cent florins*, admirable, la *Petite Tombe* sophistiquée, et 734 autres chefs-d'œuvre divers entraient au Cabinet des Estampes de la Bibliothèque royale. Pour l'instant, la Pièce *aux cent florins*, qui a centuplé sa

valeur marchande depuis Péters, est l'une des œuvres
capitales du Cabinet de Paris. D'où le meilleur du renom
de J.-A. Péters, académicien de Saint-Luc un peu terne
et miniaturiste très complètement sorti de la mémoire
des hommes.

A Saint-Luc passe aussi Jean-Baptiste Garand, conseiller en 1764, lequel a connu, parodié, transcrit un peu
tout chacun, qui a même donné des portraits originaux
non sans mérite. Garand est, en miniature, un des
« pousse-au-mieux » les plus déterminés de la compagnie.
Il n'est ni un génie, ni non plus très exactement un
inventif; il n'en est que plus serré et plus propre.
Cependant, lui aussi a fait un Diderot en 1764, et celui-
ci voisine au Salon avec Sophie Arnould et Mademoiselle
Favart. Le pis est que cette effigie est excellente et vraie,
très différente des figures apothéosées qui plaisent tant
au faux Jean Bouche d'Or de l'Encyclopédie. Garand a
pris le gaillard comme il a pu, un peu de dos, un peu de
profil, durant quelque séance où Diderot prêtait l'oreille,
la tête couchée sur la main. C'est bien peu l'attitude
romaine que Diderot eût souhaitée, mais cela est si juste
de sentiment, tout le monde le proclame si parfait, qu'il
faut se rendre. Bien! Mais Garand va le payer tout à
l'heure. « Je n'ai jamais été très bien fait, écrit négligemment le malin singe, que par un pauvre diable
nommé Garand, qui m'attrapa, comme il arrive à un sot
de dire un bon mot. Celui qui voit mon portrait par
Garand me voit. » On se demande, en vérité, ce qu'eût

pu être une séance accordée à Garand dans ces condi-
tions, et le tour que la conversation aurait pris s'il n'était
constant que de tels fier-à-bras en écriture sont, dans le
tête-à-tête, les pires timides et les plus obséquieux. D'ailleurs, les artistes ne préfèrent-ils pas l'injure, même
cruelle, au silence méprisant ? Que de singularités de
par le monde, sans compter celles d'avant et celles
d'après l'Académie de Saint-Luc !

Occupé de sa matérielle si humble, condamné à des
besognes si souvent ingrates, — Garand le prouve, le misérable académicien de Saint-Luc est dans une impasse. Si
on ne le mentionne pas, c'est la misère, car la concurrence
est acharnée, et La Blancherie n'est point encore là pour
imprimer la réclame que lui-même aura dictée. F. Bourgoin sera obligé de vanter dans un almanach son adresse
« à peindre supérieurement la miniature et l'émail ». S'il eût
omis de le proclamer, bien que n'étant pas le premier venu,
et quoique occupé aux Menus, agrégé à Saint-Luc, logé
rue Saint-Thomas-du-Louvre, il n'eût trouvé que de l'eau
à boire. Mais cette réclame lui valut une notoriété ; lorsqu'il change de domicile, il en avise sa clientèle ainsi que
l'eût fait un médecin ou un marchand. Son succès se note
au prix de ses miniatures ; ses émaux sont cotés dix-huit
louis la pièce, et dix-neuf s'ils sont sur plaque d'or. De
nos jours, la faveur est revenue à Bourgoin : lors de la
vente Allègre, une boîte de lui, avec portrait, monta jusqu'à 10,000 francs : elle en ferait le double à cette heure.
Mais l'insuffisance de la critique pesa lourdement sur

lui ; il était de ceux qui savent ce que vaut un mot de journaliste, même insolent. Il regretta les boutades de Diderot.

Plus le siècle marche, plus les confrères de Saint-Luc se distinguent. Lors de l'exposition organisée, en 1774, dans les salles de l'hôtel Jabach, rue Saint-Merry, au beau moment du renouveau, quand Hall et ses imitateurs s'imposent, le nombre des miniaturistes s'est accru d'unités nombreuses. Nous en retrouverons dans l'entourage du Suédois ; ce seront les illustres, ou tout au moins les renommés. Plusieurs resteront fidèles à leur petite Académie, comme Viel, architecte, amateur associé, sorte de membre libre, qui se pique de peindre le portrait en petit. On lui verra même exposer là une miniature de Carle Vanloo, peintre du Roi. Bornet, l'émailleur, sera du groupe, et, de lui, deux choses nous sont parvenues qui ne lui assignent pas un rang méprisable dans la série. Bornet dont on reparlera plus tard, ne dédaigne pas le portrait en miniature : il a mis chez Jabach une Madame de Varigny avec son fils ; sa femme, Madame Bornet ; Mantelle, professeur d'histoire à l'École militaire, plus un contrôleur des guerres, sans compter nombre de petits médaillons et d'émaux anonymes. Malgré tout, c'est encore là un méconnu, un dédaigné ; en effet, qui donc parle jamais de Bornet ?

Très sûrement, le talent n'assure point la pérennité, car nombre d'autres, moins doués, ont survécu. Augustin Massavy d'Armancourt, dit tout simplement Darmancourt, serait un de ceux-là ; on le cite volontiers ; on cite même ce Fritsch, élève de Campana, plus flou, plus nuageux que son maître.

Puis on trouve Gambs, qui exécutera pour son chef-d'œuvre, c'est-à-dire pour son morceau de réception à Saint-Luc, une miniature du recteur de l'Académie, le sieur Van der Woort ; Gault de Saint-Germain, très jeune homme dont nous reparlerons, un des premiers qui eussent copié l'antique ; Pujos, de Toulouse, dont la plupart des portraits furent gravés et resteront comme autant de témoins d'une époque, et la preuve d'aptitudes expertes et tranquilles ; Rabillon, dont un Mgr de Tarente, évêque d'Orléans, amant de la Guimard, aura les honneurs d'une gravure par J.-M. Moreau le jeune. Rabillon est agréé à Saint-Luc ; il n'est signalé nulle part. Son portrait de Jarente, et celui d'une dame lisant dans un livre, signé *Rabillon*, et conservé dans la collection de M. Doistau, est tout ce qui nous demeure de lui ; mais, de ces deux œuvres, on a le loisir de déduire une opinion favorable : on voit rarement aussi délicat et aussi raffiné que ces menues histoires.

La marche ascendante des associés de Saint-Luc se peut inscrire en faveur de l'art français. Les humbles, les plus humbles même, participent au mouvement et tendent à la perfection. Une rivalité, inavouée mais formelle, avec l'Académie royale, suscitait des efforts jeunes et pleins de promesses.

Déjà Madame Guiard, née Labille, élève de Vincent

le père, offre, à la réunion de l'hôtel Jabach, les prémices d'un talent tout plein de ressources nouvelles. Un portrait d'homme — peut-être celui de M. Labille le père — est dans la collection Fitz-Henry, à Londres; il date de ce temps, il est signé *Labille, femme Guiard,* et c'est là une œuvre que pas un des confrères de Saint-Luc n'eût pu pousser à ce degré de perfection et de philosophie. En tout cas, ni M. de Saint-Jean, ni Vassal, ni Mademoiselle Navarre, à plus forte raison Tellors ou Naudin, voisins d'exposition de Madame Guiard, ne se pourraient proposer en rivalité. Krüger « si particulièrement renommé pour la figure et l'ornement d'après l'antique », Krüger, que les Parisiens appellent plaisamment Kreüzer ou Creutzer; Sauvage, de Tournai, émule de Gault; Lainé, inventeur du paysage en cheveux, ancêtre de tous les fabricants de souvenirs pour dépôts mortuaires; même, si l'on veut, Henry, ne feront point pâlir l'étoile de Madame Guiard, le véritable honneur de la maison. Lorsque l'Académie de Saint-Luc se devra dissoudre, en 1776, en suite d'une mesure générale, c'est peut-être bien que l'Académie royale n'aura pas vu sans humeur tant de talents groupés dans le cénacle concurrent.

La suppression fut rude à l'art de la miniature. Ses adeptes s'en furent, chacun de son côté, à l'aventure; la fourmilière bouleversée, tant pis pour les fourmis! Tant pis pour les modestes et les timides! Les bonnes places en dehors de l'Académie royale sont occupées par des habiles, étrangers souvent.

Ainsi se présente Jean Daniel Welper, maître à dessiner de Mesdames, filles de Louis XV, collaborateur des Menus, prompt à happer les commandes hésitantes. Welper, qui n'est pas sans grâce, a représenté les filles du Roi groupées et vêtues d'un habit de bal masqué. Ceci est plutôt bien, et appartient au baron de Schlichting. En 1770, il exécute une effigie royale pour une boîte destinée au baron de Gleichen : cette boîte est estimée 15,000 livres, somme énorme pour le temps. C'est très justement ce que pense du cadeau M. le baron de Gleichen, qui touche en espèces le prix de la boîte et ne garde que le portrait du Roi, par scrupule de politesse. Il y avait à ceci des précédents nombreux, dont l'artiste n'avait qu'à prendre joie. En effet, le portrait s'en allait porter au loin, sans rien devoir aux diamants ni à l'or de la monture, l'annonce d'un talent et provoquer de nouvelles commandes.

Au nombre de ces isolés fut le peintre Jean-Baptiste Descamps, le fils, qui s'est représenté lui-même en un coquet médaillon, dans sa tenue d'atelier, sa palette à la main. L'œuvre est signée et datée de Rome en 1774 : elle appartient aujourd'hui à M. Tony Dreyfus. On sent toutefois que Descamps traite l'ivoire en peintre de tableaux, et qu'il est miniaturiste d'occasion. Cette pièce minuscule est large, savoureuse, un peu guindée toutefois. Descamps a pour père cet autre Jean-Baptiste, créateur de l'école de dessin de Rouen, auteur d'une *Vie des Peintres* estimée, et encore consultée de nos jours. Il

succédera à son père, au titre de directeur de l'École de
Rouen, et sera membre de l'Académie de là-bas, en
1775. Né en 1742, il a trente-deux ans à la date de son
portrait; il mourra en 1836. Il ne paraît point que,
depuis Rome, J.-B. Descamps le fils eût jamais réci-
divé, et qu'il se fût remis à un genre aussi précieux et
aussi différent de la grande peinture. Ce fut d'ailleurs
le cas de beaucoup d'artistes qui s'essayèrent mais ne
persévérèrent point, tel Joseph Boze.

Celui-ci a trois ans de moins que Descamps, étant
né en 1745; il est des Martigues, en Provence, et comme
il n'a aucune aisance, il s'offre à quiconque pour quoi
que ce soit en peinture, depuis le dessin, le pastel,
l'aquarelle, la miniature ou l'huile, jusques et y compris
l'enluminure sur vélin. Sur ses débuts dans la pratique
de l'ivoire, on lui voit de la naïveté, si, comme on l'assure, certain portrait du maréchal de Ségur, de la collection Panhard, raide et maladroit, est en réalité de sa façon.
Est-ce vrai, si la petite figure de femme signée *Boze* et
appartenant à Madame A. Heymann lui doit être attribuée ?
Ce sont là deux produits de tendances tellement con-
traires qu'il faut admettre, entre le premier, daté de
1770 au plus, et l'autre de 1782, une transformation radi-
cale dans les habitudes. Le portrait de cette femme, si
extraordinairement chapeautée, si ébouriffée, si nette
cependant, laide et provocante par surcroît, que possède
Madame Heymann, n'a-t-il point paru au Salon de la
Blancherie ? Car voici que La Blancherie entre en scène

et s'en vient apporter ses consolations aux membres épars
de l'Académie de Saint-Luc. A la date ci-dessus, La
Blancherie mentionne le portrait sur ivoire de Vaucan-
son, peint par Joseph Boze, et il en indique d'autres
encore. Boze cherche sa voie et son profit ; il n'a qu'un
gagne-pain, et bien qu'admis, de temps à autre, aux commandes officielles, il n'a guère su remplir sa bourse. La
miniature donna-t-elle au Martigaou ce que lui refusait
la peinture ou le pastel ? Il ne paraît pas ; les ouvrages
de ce genre sont rares sous son nom. Sincèrement, ses
portraits plurent-ils tant qu'on l'a insinué à la reine
Marie-Antoinette ? Cette femme, un peu évaporée, n'a
point de goût personnel, elle subit l'impression de l'entourage royal. Boze a épousé Mademoiselle de Bresse
de Saint-Martin, pupille de l'abbé de Van Male, et l'abbé
de Van Male est l'ami de l'abbé de Vermont, secrétaire
de la Reine. Par Vermont, Boze eut accès à la Cour et
obtint la faveur des séances royales ou princières.

Tout ce qui va être dit ici est, de tous points, contraire
aux belles phrases écrites sur le peintre à la Restauration.
Ces renseignements inédits et accablants m'ont été com-
muniqués par M. Armand Lods. Boze, qui deviendra
« le comte de Boze » par octroi du roi Louis XVIII,
qui mourra en 1826, le 17 janvier, dans la maison de la
rue du Regard n° 17, en bonne odeur de légitimité,
abusa de la miniature pour duper Louis XVI et la Reine,
pour tromper les Girondins et passer à la Révolution
triomphante. En juillet 1792, il avait servi d'intermé-

diaire, par le moyen de Thierry, valet de chambre du Roi, entre Louis XVI et les députés Guadet, Gensonné et Vergniaud, en vue de la constitution d'un ministère girondin. Dénoncé plus tard, prétendu contre-révolutionnaire, et emprisonné sur une lettre d'un sieur Levaker, le 16 octobre 1893, « comme faisant le portrait d'Antoinette, femme Capet, et, depuis le mois de juillet 1792, n'ayant pas cessé d'être en séance », il est défendu par Madame Boze, qui réclame sa liberté le 22 octobre 1793, au nom de son civisme éprouvé. Par cette lettre, nous apprenons « qu'un roi pervers trahissait sa patrie », quand Boze s'offre à lui ouvrir les yeux sur les sentiments du peuple. Et que fait Boze pour cela ? Il communique la réponse du Roi « aux braves Marseillais », ses compatriotes, il les conduit au château, « où se forgeaient les fers qu'on destinait au peuple ». Il fait mieux, il paye des piques aux sans-culottes pour combattre « à la mémorable journée du 10 août ».

Cette défense est d'une femme dévouée, mais où le lyrisme de sa littérature atteint son expression la plus haute, c'est lorsqu'elle s'écrie : « Républicains, voyez son dernier tableau, celui de l'ami du Peuple, de Marat, qui, s'il existait, serait son défenseur ! Faite d'après nature, l'image de ce magistrat incorruptible laisse le regret de n'avoir pu être finie avant la mort de ce grand homme. Époque glorieuse, mais malheureuse pour le peintre, qui perdit un si cher modèle ! »

Sous la signature de Madame Boze, et la date du premier

jour du deuxième mois de l'an II, ce n'est point mal. Mais il y a mieux. Les membres de la Section du Muséum attesteront, dans un acte public, que « Boze a excité nombre de citoyens à prendre les armes contre le tyran Capet, pour abattre la tyrannie ». Et ces hommes très véridiques constatent « qu'en effet, il a délivré des piques qu'il avait fait faire... et que ledit citoyen a excité les Marseillais à assiéger le château du tyran, qu'il en a logé six, et que son épouse a pansé leurs blessures ». Lui-même, Boze, de sa main, mande combien il était impatient de voir arriver les Marseillais ; il assure qu'il fut « les embrasser, les larmes aux yeux, deux fois par jour ».

Élargi aussitôt, Boze jugea prudent de gagner la Hollande, puis il fut en Angleterre, où il obtint des subsides de la famille de Louis XVI. Il ne rentra en France que le 13 thermidor an VI, pour mettre en peinture les vertus du citoyen Buonaparte.

Après ce qu'on vient de lire, il est fructueux de repasser les phrases consacrées à Boze dans les biographies de la Restauration. Louis XVI et Marie-Antoinette avaient été le jouet de gaillards de la trempe de ce Martigaou. Les Van Male et les Vermont étaient les maîtres dispensateurs de toutes choses, portraits compris.

Rien ne les contraignait moins que les questions d'art dans la répartition des faveurs. Des raisons les dirigeaient, que nous ne pouvons démêler. A part Boze, la Cour est pour Campana, dessinateur attitré du Cabinet.

artiste nuageux, diaphane, dont on célèbre les grâces
exotiques. Campana est une Rosalba plus moderne, plus
terne aussi, avec non moins d'imprécision. Il n'a pas les
tons bruyants ni le faux clinquant bolonais de sa devan-
cière ; il a plus de charme poétique. Ses trouvailles de
pose sont heureuses, ses costumes ont de l'élégance. La
prétendue fille Oliva — j'ai trop peine à croire que le
peintre de la Reine eût tenté cette aventure — est une
des plus adorables frimousses sorties de son pinceau.
Cette œuvre charmante est dans la collection Panhard ;
dans la collection du baron de Schlichting, c'est la Reine
en « belle fermière » ; chez Madame Achille Fould, la
Reine encore, en habit d'amazone, depuis gravée par
Audin ; chez M. Doistau, c'est une dame tenant des
roses ; chez M. Alphonse Kann, une jolie personne
anonyme. Tout cela poudré, musqué, et antérieur aux
méchantes heures, car Campana meurt en 1786, ce qui
est une preuve de plus à nous faire douter du portrait
de Mademoiselle Oliva, l'héroïne principale dans l'histoire du collier, le sosie de la Reine.

La Blancherie a quelques jours hébergé le miniaturiste Thoüesny, il le vante naturellement, mais il ne
nous dit rien de son état civil. Nulle part ailleurs Thoüesny
n'est signalé. Il n'a point été à Saint-Luc, il ne sera
jamais de l'Académie royale. Sans La Blancherie, on
aurait crainte que cette signature, retrouvée sur un portrait d'homme de la collection Fitz-Henry, fût de fabri-
cation récente. Celui-ci représente René-Marc de Voyer,

et il est serti dans un couvercle de boîte. Le travail en
est précieux et d'un fini de belle qualité. Rien ne rappelle
mieux le prétendu Natoire de Massé, rien ne saurait
s'appliquer avec plus de vraisemblance à Hall ou même
à Nattier. Ce que dit de Thoüesny le Bulletin de La
Blancherie, l'indication de son domicile, rue Bourbon-
Villeneuve, à Paris, prise dans un almanach, est tout ce
qu'on en ose écrire. On avait vu de sa main, au Salon
de la Correspondance, une miniature de jeune homme,
une autre de femme, son propre portrait, et une autre
dame encore. La Blancherie assurait — sur les dires de
Thoüesny, n'en doutons pas — que ces travaux expri-
maient « une faire facile et de la couleur ». Peut-être ces
objets disparus figurent-ils, sous un nom d'emprunt, en
une collection célèbre ; c'est la commune aventure !

A La Blancherie toujours, nous devons la connaissance
de Frédéric Dubois, qui avait, en 1780, un portrait du
jeune prince de Craon au Salon de la Correspondance :
par une miniature d'homme, au comte Mimerel, ce Dubois se recommande à l'attention ; il a de l'esprit. Puis
ce seraient Madame Benzi, à l'hôtel de Provence, rue
Saint-Séverin, autre cliente de La Blancherie, lequel ne
se compromet pas en assurant « que ses œuvres annoncent
du talent » ; Lyénart, un faux Hall dont M. David Weill
possède un fort aimable portrait de jeune femme ;
Derunton, un inconnu complet, puisque La Blancherie
même l'ignore, et que, sans une pimpante petite dame en
habit du matin, au milieu d'un parc avec château et cas-

cade, signée de ce nom parfaitement lisible, Derunton,
il serait irrévocablement perdu pour nous autres. Voilà
qui eût été grand dommage, car, d'abord, tout ce mignon
travail est fort délicat, la frimousse jolie et le talent indéniable. La boîte, appartenant à M. Doistau, aidera peut-
être à ressusciter ce quidam trop modeste, comme une
autre pièce de la même collection, signée *Ribou*, permet-
tra de percer un autre petit mystère. D'ailleurs, par les
costumes et les moyens d'opérer, Ribou serait le premier
dans le temps. Le minois de femme au bas duquel le
nom de Ribou apparaît est celui d'une contemporaine
de la dauphine Marie-Antoinette, et non de la Reine. La
couleur n'en est pas éblouissante, mais les chiffons ont
du soin et de l'élégance ; la dame, au museau pointu, a
le ragoût d'une malicieuse coquette. Qui nous dira Ribou,
si les bonnes sources restent muettes, si La Blancherie
ne souffle mot du sire ?

Et Séné ? M. Doistau encore nous jette ce point d'in-
terrogation ironique. Au moins, pour lui, avons-nous une
adresse et une date : 38, rue Neuve-Saint-Eustache, en
1776. Dans cette année, Séné a mis des miniatures au
Salon du Colisée. Et puis, nous connaissons de lui deux
ouvrages, l'un, la miniature de femme de M. Doistau, est, pour le temps, une exception ; cela est gras,
savoureux, libre comme une peinture. La personne représentée est une jeune femme, plantée en chêne, bien en
chair, qui a eu la très bizarre idée de mettre son chapeau
à plumes pour jouer du violon. Elle, et certaine *Vestale*

du musée Wallace, résument pour le quart d'heure tout
ce que nous avons appris de cette belle façon et de ce
tempérament inhabituel en miniature. Sicardi rappellera,
une dizaine d'années plus tard, les pratiques de Séné,
mais Sicardi connaîtra la renommée. Séné, dont le nom
prête à sourire, si on le rapproche de celui de Case, un
de ses contemporains plus oublié encore, serait ce que
M. de Voltaire nommait « une victime du Léthé ». Aucun
livre ne le note, pas un dictionnaire n'imprime son nom.

Ils furent, dans ce cas, plus d'une centaine, entre
1776 et 1791, au beau milieu du Paris joyeux et indif-
férent, logés en des taudis voisins du Palais-Royal,
vivant chichement de copies niaises, de la peinture
de boutons d'habits, de portraits payés un louis, et arra-
chés presque de force à de faméliques bourgeois, à des
provinciaux flâneurs. De Lusse, dont nous avons gardé
au moins deux ou trois portraits passables, entre autres
un groupe de deux jeunes filles enlacées pour la danse,
et appartenant à M. Fitz-Henry, œuvre très convenable,
et un portrait d'homme, au comte Mimerel, de Lusse,
vivant au Palais-Royal, est un de ces miséreux. « Si
Monsieur veut que je tire son portrait, dit un personnage de roman, peut-être miniaturiste, que d'abord
il me donne à manger et un petit écu pour m'avoir les
couleurs ! » Toutes proportions gardées, ces « artistes »
rappellent les photographes ambulants de nos foires.

Un d'entre eux eut une idée de génie : il perfectionna le
physionotrace, grava des profils sur cuivre dans les procé-

dés à l'aquatinte de Janinet, et eut la vogue. C'était
Kennedy, que nous appelâmes Quenedey. L'avantage
du moyen était de permettre à la fois le tirage en couleurs, le coloriage à la main et la multiplication indé-
finie des épreuves. Pour le prix ordinaire d'une mauvaise miniature, Quenedey fournissait une quinzaine
d'épreuves, en couleur ou en noir, à distribuer aux
parents et aux amis.

La concurrence vint très vite ; Bouchardy fils, Gonord,
donneront aussi des physionotraces au rabais, comme ils
faisaient des miniatures. Leur gravure en moins, tous
ces hommes en fussent restés au point de Lusse, de
Croisier, de Rocher, des personnalités vagues et insaisissables. Plusieurs eurent du talent et de l'originalité,
tel Enfantin, le père d'Auguste Enfantin, dont les journaux parlèrent. Enfantin avait exposé à ce Salon en plein
vent de la place Dauphine, que l'on nommait *la Jeunesse*,
en 1786, 87 et 88, des camées et des miniatures. Un
chroniqueur assure que ces choses furent vues avec plaisir,
que le ton de couleur de M. Enfantin « est aimable, et
que si tous les portraits qu'il expose sont aussi ressem-
blants que celui de Chenard, c'est encore un motif
d'éloges ». Mais ce qui nous reste est bien peu : une
femme en corsage bleu, portant un col blanc, appartenant
à M. Alphonse Kann.

II

PIERRE-ADOLPHE HALL ET LES TEMPS DE FRAGONARD

Dans les dernières années de Louis XV et les premières de Louis XVI, Honoré Fragonard est au plein de son succès. En 1770, il a tout près de quarante ans. Il est, dans la formule à la mode, un inventeur et un propagateur de phrases éveillées, de jolis moyens ; il met un sel nouveau dans les plus banales histoires ; il trousse une étoffe et tapote un satin comme nul ne fit. Sur le fait de chair, de nu, il s'annonce d'un libertinage inimitable, et comme il s'est mis à tous les genres, à la peinture d'histoire, au pastel, au crayon et à l'aquarelle, pourquoi n'eût-il pas essayé un peu de miniature ? Au fait, pourquoi non ? Mais inversement, pourquoi en eût-il fait ? Il est admis aujourd'hui que de curieuses petites pochades lavées de brio sur l'ivoire, empruntées à son formulaire spécial, gros yeux étonnés, fossettes aux joues, plissotis de chairs, fouillis de rubans ou de soies, parfois signées *Frago*, sont de lui. C'est sur cette impression que ces objets sont frappés du vent de folie qui agite les snobs. Est-on cependant si assuré que

1

cet homme, accablé de travaux, occupé de gouaches ou de tableaux, ait eu le temps matériel d'entendre à de tels ébats? Passade dans sa vie, dit-on : amusette, caprice, récréation peut-être, au cas que la paternité de Fragonard en fût démontrée ; seulement, elle ne l'est pas. Et ce ne seront pas les signatures qui donneront la certitude attendue.

Sous son inspiration, dans son entourage proche, on sait des tentatives semblables. Elles sont de Marie-Anne Gérard, sa femme, et Madame Fragonard est une professionnelle de la miniature. On a d'elle, sur ivoire, au musée de Besançon, le portrait de Trouard, fils de l'architecte du palais de Versailles ; elle a exposé chez La Blancherie, de 1779 à 1782. Cette année même, elle montre justement un portrait de fillette qui lui vaut cet éloge de l'impresario : « Cette artiste, émule de Rosalba, a fixé l'attention des artistes et des amateurs par la légèreté de sa touche et sa couleur agréable. » Or, en 1782, Madame Fragonard, née en 1745, a plus de trente-six ans ; elle est sous la dépendance esthétique absolue de son mari, elle le copie, l'aide dans ses besognes et s'identifie avec son genre jusqu'à la confusion. La légèreté de touche, constatée par La Blancherie, n'est donc pas un mot en l'air, et c'est là plus qu'il n'en faut pour arrêter nos enthousiasmes en l'honneur de « Frago » miniaturiste. L'engouement pour ces figures d'enfants hydrocéphales, pour ces yeux hagards ou ces joues trop roses, noyés dans des satins ou des rubans indécis et papillotants, semble un peu manquer de raison. C'est amusant et drôle, ce n'est pas mieux.

On a déjà nommé Louis Van Blarenberghe ci-devant ; c'est une personnalité tout à fait hors de discussion, mais, non plus que Baudouin, que Charlier ou que Fragonard, il n'entre dans notre programme. S'il a laissé des portraits en miniature, ceux-ci ont été égarés et débaptisés en faveur de quelque autre artiste. Ce que nous devons retenir de lui au moment de parler de Hall, c'est l'influence incontestable subie par le Suédois en admirant les scènes minuscules de son devancier. Très sûrement Van Blarenberghe, Baudouin ou Fragonard, par la marche libérale de leur jeu, par le côté cavalier et entraînant de leur touche, ce je ne sais quoi d'affriolant et de ravigotant dans les rehauts ou les marbrures de gouache, ont entraîné Hall à leur suite, et lui ont départi ce que ses maîtres de là-bas lui conseillaient de venir quérir en France. Van Blarenberghe, né en 1716, a vingt ans lorsque Hall naît à Boras, en Suède ; peut-être même, si ce dernier ne s'est point rajeuni, comme on croit, et comme sa femme l'a affirmé, en fixant sa date de naissance à 1739, Van Blarenberghe a-t-il sur lui une avance de vingt-trois années. Il est bien près de recevoir son brevet royal de peintre des Ports et Cités de France lorsque, vers 1760, Pierre-Adolphe Hall nous arrive.

Sans doute nous possédions également alors le peintre Alexandre Roslin, et celui-ci, fort en faveur à la Cour, a

l'avantage, sur ses congénères français, de parler la langue
du nouveau venu, de le connaître et de s'être dès longtemps entraîné à un genre où le froufrou, le chatoyant,
le côté décor tient la place prépondérante. Chez lui, la
figure compte moins que le velours ; il ne s'en cache pas,
car ceci n'est point pour déplaire aux clientes princières,
d'essence tournées à la coquetterie. La passion du jour
est aux falbalas, aux accessoires élégants et précieux que
Nattier traitait sans considération ; aux fonds de parcs,
dont l'Anglais Reynolds a fait une mode intransigeante.
A tout le monde Hall emprunte une idée, un secret inédit une petite rouerie de métier ; il amalgame le tout
dans son cerveau tout frais et démeublé, d'autant plus
apte à accrocher les choses au passage que ses maîtres
allemands ont laissé de la place et que son père, manufacturier de son état, ne l'a point surchauffé outre mesure.
Enfant prodige, il ne le fut point ; lui-même l'avouera
plus tard à sa fille Adolphine, dans une lettre. Il avait
dix-neuf ans, tout près de vingt, quand il prit un crayon
pour la première fois, et, auparavant, il n'avait jamais
eu de ces caprices d'écolier, si communément retrouvés
chez d'autres.

On l'avait bourgeoisement envoyé à l'université d'Up-
sal, où son passage ne fut pas remarqué. On dit qu'il se
mit à la botanique, et spécialement aux sciences voisi-
nant avec la médecine, parce que son père le voulait
médecin. Cette raison le fit partir pour Göttingue. C'est
là que la vocation artistique lui était venue, Dieu sait

pourquoi, en un milieu si peu enclin à de pareilles aventures. Sa famille, surprise et un peu émue, consentit
qu'il vînt à Stockholm, à l'atelier d'Adelcranz et de Rehn.
Ceux-ci lui trouvèrent une volonté et des espérances ; ils
lui conseillèrent un séjour à Berlin. Pour ces hommes
naïfs, l'art allemand d'un Eckhardt comptait pour beaucoup. Eckhardt ne fit rien d'un garçon léger, qui songeait
de miniatures, de petit art, et s'amusait de fioritures.
Alors on le retrouve à Hambourg, chez un peintre sur
ivoire d'échine assez raide, le sieur Reichardt.

Celui-ci n'avait point la morgue doctorale des Berli-
nois ; ce fut lui qui suggéra l'idée d'un voyage à Paris,
« la nouvelle Athènes », comme disait Diderot. Si les
historiens de Hall disent vrai, il fut tombé chez nous en
1766, vers sa trentième année. Mais on ne doit pas
oublier ce que lui-même assure, à savoir sa vocation
tardive vers dix-neuf ans, soit en 1755. C'eût donc été une
période de douze ans consacrée à l'étude de la grammaire du dessin, chose invraisemblable. Avec plus de
logique, il nous faut admettre son départ pour Paris aux
environs de 1760, comme cela a été dit déjà.

Sur les premiers moments de son installation en
France, nous ne savons rien, ce qui n'est pas en faveur
du talent qu'on lui prête assez bénévolement. Certaines
petites œuvres anonymes, assez égayantes, où les figures
se réclament de Greuze ou de Baudouin, et les habits de
Roslin, lui pourraient être attribuées. Dans aucune
cependant, la note décisive ne s'exprime encore assez

formelle pour nommer Hall. On le soupçonne à la
touche de minium inscrite sous les paupières, ce qui
sera ultérieurement son tic particulier — à l'ébou-
riffement des cheveux, au frissonnis des tulles et des
satins. On hésite cependant, eu égard à l'insuffisance du
dessin et à la très banale façon de traiter un portrait.

Malgré tout, il dut plaire assez vite, parce que les
Français sont ainsi faits qu'un étranger, baragouinant
leur langue, et joli homme, plaît aux femmes, et que,
plaisant à celles-ci, les hommes suivent d'instinct. On le
savait artiste, très musicien, amoureux de sports et danseur remarquable. Sous le bénéfice de tant de qualités, et
parce qu'il venait de loin, que les dames s'étaient entre-
mises, il avait été agréé à l'Académie le 29 juillet 1769 ;
puis le Roi l'avait nommé peintre de son cabinet. La
seule ombre au tableau, c'était l'hérésie de Luther, dont
il se réclamait volontiers, et qui, somme toute, n'était
point si mal portée dans la société sceptique du moment.
A Versailles, où il fréquentait dans la meilleure compagnie, où il participait aux chasses de la journée et aux
jeux du soir, Pierre-Adolphe Hall se trouva rencontrer
la famille Gobin. M. Gobin père, négociant enrichi aux
Indes, doublé d'une femme de tête et de volonté,
coquette cependant et dépensière, eut l'attention appe-
lée sur ce beau seigneur étranger, en passe de devenir
illustre. Son âge, — trente-cinq ans, — la position des
parents en Suède, la situation officielle, avaient de l'intérêt pour le père de deux filles à marier. Tant d'his-

toires furent débitées, discutées, enjolivées même dans le particulier des Gobin, que leur fille Adélaïde, bien la Française de son temps, s'éprit de Hall au point qu'un refus eût été la pire histoire du monde. Tout marchait donc à merveille, car le jeune homme ne s'éloignait point, bien au contraire, mais Luther devenait fort gênant. Deux religieuses, parentes des Gobin, s'en étaient venues jeter leur opposition motivée au milieu des enthousiasmes, sauf qu'une abjuration tranchât la question dans le sens catholique. Hall voulait éperduement le mariage, mais il avait la faiblesse de tenir à son Luther. Madame Gobin, qui n'avait pas la religion irréductible, et qui souhaitait un gendre hors du commun, ordonna un beau jour que le mariage soit, et le mariage fut.

Le 23 août 1771, Pierre-Adolphe Hall, né en Suède, peintre du Roi, membre de l'Académie royale, épousait Adélaïde Gobin, à l'église Saint-Louis de Versailles. A l'issue de l'office, toute la noce se rendit au parc de Marly, où l'on dîna. Le soir, la société s'en fut installer le jeune couple rue Neuve-des-Bons-Enfants, où le marié possédait un atelier et quelques chambres. Là, on soupa, mais le marié n'eut point de gaieté. La mort du roi de Suède, survenue et connue depuis peu, lui causait un immense chagrin. Redevenu Suédois tout à coup, en présence de ces Parisiens joyeux, il avait contraint sa jeune femme à revêtir des robes de deuil. Il y eut un froid glacial, et l'on ne manqua point de tirer méchant augure de cette étrange fantaisie. La petite Française, qui ignorait Adolphe-Frédéric, roi de Suède, et qui n'avait point grand chagrin de son trépas, estima qu'après Luther, ce souverain était de trop dans son bonheur. Elle en garda une amertume, et ce premier accroc s'accentua de tout ce qui séparait moralement Pierre-Adolphe de la Versaillaise évaporée, tête d'oiseau et aimant la fête. Le bel étranger, compassé, retenu et correct, s'offrait à elle comme l'antipode absolu, car il souhaitait le repos, la solitude, et boudait volontiers.

Jusqu'à ce moment, Hall avait joui en France d'un bonheur insolent. Tout s'était plié à sa fortune et l'avait confortée. A l'opposé d'Augustin, qui devra, pour fendre la foule, vivre dans un monde bourgeois, laissant peser son dédain pour un gagne-petit, Hall, « qui venait de loin », en avait imposé par ses relations. Son mariage avait été la conséquence de la légende établie sur des grossissements et des exagérations. Un homme du peuple eût déploré que son fils embrassât la carrière d'Augustin au début; il eût, tout au contraire, applaudi à son idée d'imiter le Suédois. D'où tant de vocations révélées tout à coup parmi des jeunes gens en mal d'un établissement sortable. Ce que les réussites de Hall suscitèrent chez nous de miniaturistes ratés, de faux peintres, d'artistes incompris et faméliques, est incalculable, si l'on y prend garde. Lui-même n'y fut pour rien, d'ailleurs. Trop égoïste et assez occupé pour ne pas ouvrir d'atelier, n'aimant ni la gêne d'un élève ni la concurrence possible d'un disciple doué, il fut néanmoins, à son insu, contre sa volonté, l'entraîneur le plus admiré qu'on eût encore vu. Le secret de cette gloire venait uniquement de ceci : il n'avait point tâtonné. Dès son apparition, on l'avait vu complet, avec des insouciances d'homme arrivé qui lui conciliaient les suffrages. On ne s'inquiétait ni des difficultés de l'apprentissage, ni des mécomptes de la carrière. Chercher à lui ressembler était le rêve. Mais cette existence de cavalier envié ne put cacher très long-temps les chagrins d'un foyer peu fait pour exciter la jalousie. Adélaïde Gobin avait seize ans de moins que son mari, le besoin de dépenser et de faire figure. Les naissances successives de Victorine-Adélaïde, leur pre-mier enfant, en 1772 ; celle d'Angélique-Lucie, en 1774 : d'Adolphine, en 1777, et du petit Adolphe, du *Bénoni*, n'apportèrent aucun tempérament à une situation fort tendue. Hall habitait Paris, sa femme était retournée à Versailles. Il allait rêver aux champs, soit qu'il chassât ou qu'il pêchât ; il travaillait moins, encore que les com-mandes lui vinssent, et son insouciance indisposait sa clientèle de seigneurs peu habitués à ces façons. Les dépenses de Madame Hall venaient alors le tirer de sa torpeur ; il lui fallait combler des brèches, répondre à des huissiers peu accommodants. Gobin, le beau-père, se ruinait lentement. Dès 1780, ses fonds se faisaient rares ; en 1787, il lui faudra quasiment mettre la clef sous la porte, ce qu'il exécuta au mieux du monde, en se lais-sant mourir un soir.

Hall en est à l'âge où la fatigue vient. Il ne s'est point

passé d'année que, par 300, 600 ou 1.200 livres, suivant la taille de ses ivoires et les accessoires ordonnés, il eût produit moins de 20.000 livres. Encore eût-il fourni davantage, sans le besoin de repos qui l'envahissait à des intervalles de plus en plus rapprochés. De ces sommes, pas un denier ne restait pour parer aux ennuis pressants. Juste au moment où l'héritage de Gobin lui eût assuré l'aisance escomptée, il devait reprendre le collier avec plus de suite que jamais. Voilà, par surcroît, que les temps devenaient mauvais, la Révolution sociale s'annonçait par de sinistres prodromes, un arrêt brutal dans les fantaisies ou la dépense superflue, ce de quoi Hall tirait le meilleur de la vie. La transition fut effrayante pour cette famille mal préparée à de pareils à-coups. Hall, très désorienté, rêvait de restaurer en Suède sa matérielle délabrée, d'y aller retrouver les siens et de s'attacher à la cour du roi Gustave. Celui-ci ne l'était-il pas venu visiter en 1784, au bon temps, place des Victoires, au coin de la rue du Petit-Reposoir, où les exigences somptuaires de Madame Hall avaient entraîné son mari? Et de son intimité avec le prince, si pleine de promesses, il conservait ce souvenir. Gustave avait pris sur ses genoux le petit Adolphe de quatre ans, et, le tenant devant une fenêtre, le laissait se pencher au dehors. Très effrayée, Madame Hall avait eu un geste de mère. « N'ayez crainte, avait assuré le Roi, je me charge de lui. » Ce mot et d'autres, fidèlement recueillis, élargis dans leur sens vrai par un artiste plein de candeur et une femme romanesque, devaient-ils s'entendre autrement que par la grande envie qu'avait le prince de ramener en Suède un de ses sujets les plus glorieux? Sans oser l'avouer, Hall envisageait désormais la nécessité d'un retour là-bas. Sa veine était usée en France. La corde unique, dont il jouait depuis un quart de siècle, ravissait moins, sauf que des étrangers lui vinssent et s'accommodassent de nos restes. En dépit de tout, même à la fin, il gagnait encore sans compter, il continuait à dépenser de même, et il peignait comme il dépensait; mais les Français étaient trop intéressés à autre chose pour songer à leur portrait.

Le papier monnaie acheva de le ruiner. Il estima très sincèrement que l'heure du départ avait sonné, mais auparavant il lui fallait chercher une terre hospitalière, où il gagnât l'argent utile au voyage de sa famille. Prétextant ceci, mais, en réalité, fuyant devant l'émeute déchaînée, redoutant que ses relations passées lui causassent de la calamité, il quitta Paris en 1791 pour se rendre à Spa, de l'autre côté des frontières. Plus tard, cette fugue lui sera comptée pour une émigration sournoise, et sa famille en sera inquiétée.

Sur l'annonce d'une commande possible, il gagna Aix-la-Chapelle, où on le mit en rapport avec des gens fort huppés, venus de la cour de Prusse. Il s'agissait d'exécuter une miniature de grand format d'après la princesse Louise, fille du prince Ferdinand, Allemande assez jolie, mais d'une corpulence notable. On ne lui dissimulait pas que la princesse souhaitait qu'on n'exagérât point ses avantages de nature, et que, plutôt, le peintre en retranchât une bonne part. Nous savons, par une lettre de Hall à sa fille préférée, Adolphine, à la date de septembre 1791, qu'il travaille à ce portrait, qu'il en diminue les proportions, et qu'il cherche à donner l'illusion de la sveltesse. « Pour le teint, dit-il, et les cheveux, rien de plus beau ; je l'habille en chemise, avec une espèce de bonnet-turban bleu. »

Madame C. de Polès possède une grande miniature de Hall, provenant de M. Mühlbacher, montrant une dame en chemise, — c'est-à-dire en robe de linon, en déshabillé du matin, — coiffée d'un bonnet-turban, et qu'une lettre postérieure, en suédois, nomme Louise de Prusse, reine de Suède. Or, cette Louise de Prusse eût été la sœur du Grand Frédéric, morte âgée, avant 1791.

Il n'y a pas de doute, cette pièce capitale, reprise en divers endroits, effacée à la lumière, est la miniature que Hall peignit à Aix-la-Chapelle. On y aperçoit la toque, la chemise, la pose dont parle l'artiste dans sa lettre. Même on sent l'effort tenté pour obtenir la sveltesse du corsage et la distinction des traits. C'est là une des dernières miniatures de Hall, une des plus considérables pour l'histoire du maître, son chant du cygne.

L'année suivante, Hall trouve peu à glaner au milieu des émigrés et des soldats de Dumouriez, qui encombrent la Belgique. Les émigrés le navrent, ils ont des prétentions que rien ne justifie et des inconsciences inouïes. Il est sur son départ pour la Suède. Tout à coup la nouvelle de l'assassinat de Gustave III lui arrive, il en demeure anéanti. Son dernier refuge, le seul qu'il espérait, lui est brutalement enlevé. Il va à Liège, au hasard, comme un dément. Sa correspondance affecte le calme, mais, entre les lignes, on lui sent le moral fort troublé. C'est l'instant choisi par lui pour raisonner sa fille sur ses études de peinture ; qu'elle copie des Greuze ou des Vigée Le Brun, mais surtout pas de ses œuvres à lui, car il a trop fini son temps, et ses miniatures sont de l'histoire ancienne. Alors il s'affaiblit. Il n'a plus un sol vaillant, et pourtant il traite d'histoires futiles. La veille du jour où Louis XVI montait sur l'échafaud, — et Louis XVI avait été bon pour lui et les siens, — il parle de musique à Adolphine et à Lucie ; on y voit que Madame Hall et ses filles habitent 112, Grande-Rue de Saint-Cloud. Le 12 avril 1793, nouvelle lettre, concernant Mozart et Grétry. Le 15, il est mort d'une attaque de paralysie, dans la « maison d'une demoiselle honnête et respectable ».

Comme si, d'être loin de Paris, il eût subitement égaré son fétiche, Hall mourait tout entier, n'ayant plus rien à dire d'avoir tout dit ce qu'il pouvait. Qu'on étudie les très nombreux témoignages de sa fécondité exceptionnelle, peut-être un peu rabâcheuse, c'est du même air qu'il joue pendant vingt-cinq ans. Le motif fut étourdissant à son apparition : tout y tendait au plaisant et au distingué, tout y scintillait en paillettes finement semées.

En trouvailles de technique, il est surprenant, ou mieux, cette technique, imaginée et enseignée par d'autres, est mise par lui à sa perfection. Sous son pinceau, la miniature donne le complet de ses moyens dans l'effet ; mais, en solidité, c'est l'aile d'un papillon. Les chairs, touchées d'ombres impondérables que le soleil attaque, une fois passées, déconsidèrent son chef-d'œuvre. Jamais il ne pointille, ou rarement, parce que le temps lui manque ou qu'il a hâte d'aller tirer des grives. La gouache seule permet à son doigté subtil des façades éblouissantes, derrière lesquelles il n'y a rien. Il ébauche largement par plans ; dès le début, son ivoire est couvert : il a toujours envie de s'en tenir là, mais ses modèles ne l'acceptent guère ; alors il complète ceci ou cela en se faisant prier. Sa véritable signature, c'est ce rehaut sempiternel de rouge, jeté, d'un coup, sous la paupière inférieure, ce qui met une morbidesse sur le visage, et aiguillonne le regard. Au demeurant, nul respect du vrai ; c'est un courtisan ; il nous dit lui-même que la princesse de Prusse, dondon et lourde, a été ramenée par lui à la normale de Paris, et cette normale doit s'entendre des compressions outrées, si fort à la mode. Pour les accessoires et le paysage, il traite en artiste décorateur, tout en gris ou en violet, sans chercher, sans même voir, car il a des fonds tout prêts comme des paravents de photographe. Par là, il dénonce son origine étrangère : même en décor, nos gens conservent une mesure de vraisemblance. On a proclamé emphatiquement que Hall est le Van Dyck de la miniature, ordinaire façon des critiques d'enrégimenter les talents. De Van Dyck, il n'eut que la vie agitée, une révolution et la mort d'un roi. Van Dyck, Charles Ier ; Hall, Louis XVI. Une particularité, d'ailleurs, achève de ruiner cette belle phrase, c'est la liste des portraits exécutés par lui. Le demi-monde y est, contre les seigneurs, dans la proportion de trois contre un, ce qui n'est pas le cas de Van Dyck. En 1782, pour quelques noms illustres relevés, on a la surprise de mentions banales : le sieur Cousin, le sieur Colomb, un certain Genêt, sous le nom duquel on pourrait retrouver le frère de Madame Campan, M. Rol, Madame Ponce, Madame Gentil et l'inévitable La Blancherie. Hall avait donc besoin de La Blancherie, même au plus bel instant de sa vie ? Mettons le président Bernard en dehors, et l'éditeur Saugrain, si l'on veut, — ce ne sont pas des mylords, — il reste « une dame très cachée » et la sœur « d'une dame de la rue Chabanais ». Hall fait donc bien moins la Cour que la ville, moins la noblesse que le tiers. Une curiosité, ç'avait été le portrait de Vivant Denon, alors tout jeune, joli homme, très petit maître, représenté en femme !

Sans doute ce ne sont point là ses envois aux Salons. En 1769, date de sa réception à l'Académie, il ne montre que des princes ou des ministres, le dauphin Louis XVI, ses deux frères et M. de Saint-Florentin. Que valent ces œuvres ? Diderot les égratigne en passant, visant bien moins le peintre que ses modèles : « Ces quatre portraits par M. Hall, Suédois, me feraient gager que celui-ci est un protégé de la Cour ; j'en jugerais par le nom de ceux qui l'ont employé. D'après cette idée, je prononcerais sur son mérite et j'aurais tort. » Un peu plus tard, Diderot reconnaît que, d'être bien vu par J. Vernet et de la Tour est de bon augure pour Hall, car le suffrage de ces artistes n'est point à si bon marché.

L'attitude réservée et ambiguë que nous apercevons là n'est point spéciale à Diderot. Le peintre suédois, heureux en affaires, a ses détracteurs attitrés. Un avocat piémontais, du nom de Gaziel, met le Suédois en parallèle avec le Turinois Lavi, et le dit très en arrière. Ce n'est qu'à rire, d'ailleurs, car ayant à choisir entre l'académie de France et celle de Turin, Gaziel assure que Lavi n'a pas hésité, il a pris Turin. Si on l'oppose à Hall, dont les « portraits de 1781 et de 1783 n'ont guère brillé », Lavi est un génie, toujours au sentiment de Gaziel.

Le Suédois a cela de bon que son succès lui met un cache-œil, et qu'il ne paraît accorder à Diderot ou à Gaziel qu'une attention distraite. Il a si peu le temps de lire ! De deux ans en deux ans, à chaque Salon, il paraît avec un cadre de miniatures, des émaux qu'il peint à ravir, et des pastels moins regardés. Mais les noms modestes de bourgeois riches restent dans la coulisse. Le « plusieurs portraits en miniature sous un même numéro » ne peut détourner de lui la clientèle aristocratique. Le comte d'Artois, la princesse de Lamballe, la famille du comte Schouwaloff, le roi de Suède, ont des mentions élargies ; à la grande rigueur, on indique Lally-Tollendal ou Hubert Robert ; mais de « quidams », pas un qu'on cite.

Aucun peintre sur ivoire n'a cependant laissé plus d'œuvres échappées à la destruction. En mettant de côté les portraits des siens, tout naturellement devenus reliques pour ses descendants, les divers cabinets d'Europe en renferment plus d'une centaine. Quelques-uns ont souffert de leurs déplacements, d'autres manquent de « pedigree ». On n'est pas sans se demander comment Louise de Prusse, par exemple, a pu quitter la descendance de la princesse pour s'échouer à Paris. Peut-être Hall ne l'avait-il pas mise à son point, et la trouva-t-on dans ses bagages ; ou, mieux encore, peut-être l'avait-il recopiée ? Et qu'est devenu aussi le Vivant Denon en femme, ou la Madame Vigée qui fut présentée à Voltaire ? Hall avait pour cette artiste élégante et douée une des rares affections qu'il eût laissé paraître envers un confrère. Elle, Greuze, Roslin, Vernet, Vestier ou Hubert Robert formaient son cercle le plus étendu. On y a voulu ajouter le miniaturiste Bragustin, qui lui eût donné des leçons au début ; Bragustin est inexistant. D'entre eux tous, c'est Madame Vigée qui a le pas, elle, d'abord, qu'on voudra posséder en médaillon. Ceci se passa en avril 1778. Hall venait de terminer le portrait de son amie, et il allait visiter Voltaire. Il emporta dans sa poche le joli petit cadre tout neuf. A peine le vieillard l'eût-il vu, qu'il porta la miniature à ses lèvres et la baisa à diverses reprises. Madame Vigée assure dans ses *Mémoires* qu'elle sut très bon gré à Hall d'être venu lui affirmer le fait, mais le portrait a disparu.

Dans le demeurant des reliques de Hall, les portraits de sa famille sont les plus goûtés. Il s'y appliqua davantage, il mit en eux le meilleur de son talent, et la liberté que les gens payant cher ne lui toléraient pas tous. Sa fille et le petit Adolphe en portraits, œuvres poussées et décisives, sont en la possession de Madame Ditte, descendante de Hall. Sa femme Adélaïde, Mademoiselle Gobin, devenue comtesse de Lasserre, et le petit Adolphe encore, font partie de l'important ensemble recueilli autrefois par feu Félix Panhard. Ici, une particularité précisant les authenticités : Adolphe Hall enfant, curieusement coiffé, tient dans ses bras le même bichon, King's Charles, que caresse sa tante en un autre portrait. Mais, dans cette série intime, rien ne vaut, même de loin, le splendide ovale du musée Wallace, à Londres. Daniel Saint, qui adopta Hall pour manitou, qui n'eût point tenu un pinceau sans qu'une gouache du maître lui récréât les yeux, ne pouvait s'arracher à l'admiration de cette scène idéale : deux jeunes femmes, Madame Hall et sa sœur, cajolant la fille aînée de Hall sur ses dix-huit mois. Ceci, exécuté en 1773, à la meilleure phase du talent, durant les heures tranquilles, avant les gênes. A voir ces deux bourgeoises, que le peintre a idéalisées, bien fin qui saurait discerner leur état, et ne les tiendrait pour des princesses. C'est la transposition chère au Suédois, tout ce qui assure sa vogue et lui vaut les sarcasmes des jaloux. En matière de portraits de femme, la question n'est pas de parler franc, mais de savoir, à propos, mentir avec esprit. Hall fausse le vrai avec une impudence de talon rouge et des pirouettes de roué. Il l'avoue à propos de la princesse Louise ; mais quand il n'avoue pas, c'est tout comme. Il tient à ce qu'on dise de lui et de ses produits le mot de Pierre le Grand devant un Rigaud : « Les Français sont donc tous des Rois ! » Les contemporaines de Hall peintes par lui furent toutes des reines.

A Paris, le Louvre, M. Panhart, Madame de Pourtalès, Madame Ditte, M. Doistau, le comte Mimerel, le baron de Schlichting ; à Londres, le musée Wallace, M. Pierpont-Morgan, se partagent les reliques authentiques de Hall. Madame C. de Polès a obtenu la célèbre princesse de Prusse sur des enchères royales. Groupés quelque temps à la Bibliothèque nationale, ces merveilleux objets ont procuré un éblouissement. Entre tous, le portrait de Madame Cyprien de Bussière, née Doucet de Suriny, à Madame la comtesse Edmond de Pourtalès, par la délicatesse de sa facture, la beauté de la personne représentée et la pureté de son origine, attirait et retenait l'attention. Madame de Bussière, que Hall a placée sur un fond de verdure, qu'il a voulue d'une dimension hors de l'ordinaire, et qui fut l'objet de soins très empressés, est une épouse modèle ; son mari la célèbre en des vers gravés au revers de la peinture. Mais il y a peut-être une raison à l'intérêt de Hall. Madame de Bussière a une belle-sœur, la femme de son frère, Doucet de Suriny, laquelle est peintre en miniature. Cette dame, née Glassener, est une amie de Hall, et nul doute que le portrait de Madame de Bussière n'eût été recommandé à l'artiste. Plus tard, nous reverrons Madame Doucet de Suriny devenir la « citoyenne Doucet » ou « la femme Suriny », pendant la Terreur, et chercher à utiliser un art dont elle eût fait un passe-temps en d'autres circonstances.

M. Félix Panhard a autrefois recueilli la majeure partie des miniatures de Hall dans les ventes ; il les avait guettées et patiemment obtenues une à une. On en vit sortir de certains lieux où on ne les estimait plus, de boutiques de marchands ou de familles ruinées. Les qualités en sont fort diverses. Une de ces pièces nous fait fortement douter que Hall fût toujours sincère : c'est une prétendue princesse de Lamballe, qui n'a que de très fugitifs rapports avec les portraits connus, entre autres le profil de Danloux, gravé par Ruotte, qui passe pour le seul vrai. Or, si l'on veut prendre garde, la miniature de Hall paraît un agrandissement de la princesse de Prusse, peinte en 1791, à Aix-la-Chapelle. Contre Hall, ceci importerait beaucoup, s'il n'y avait eu Fontallard ; mais il y eut, par malheur, Fontallard, ce que personne ne sait, et surtout ce que personne ne dit. Fontallard, miniaturiste d'une main habile, assimilateur et sceptique, vivait à l'époque de la Restauration. Beaucoup de médaillons de Hall erraient alors en des mains louches et dormaient depuis les pillages de la Révolution. A leur retour, les émigrés recherchaient leurs souvenirs éparpillés, mais ceux-ci avaient souffert de mille injures. N'avait-on pas retrouvé, en une officine d'épicier, un exquis dessus de boîte fermant un pot de mélasse ? Pour qu'ils les pussent vendre, les brocanteurs faisaient retoucher et reprendre tant de frimousses salies, tant de robes décolorées et frottées. Ce fut là une des besognes de Fontallard. Souvent la lumière n'ayant laissé que des physionomies vagues, le restaurateur remettait les figures en place, en prenant pour modèle une autre pièce moins troublée. Il n'y a que cette raison de redouter les Hall magnifiques, elle a sa valeur : elle nous gêne dans notre admiration pour la princesse de Lamballe, qui n'est sûrement point la princesse.

Entendons bien que tous les joyaux venus du maître suédois n'en sont point là. Ceux d'abord qui n'ont jamais quitté la descendance de Hall ; en outre, ceux qui sont passés aux héritiers d'un modèle, tel le médaillon tout à fait intact et précieux représentant Madame de Villiers, aujourd'hui au comte de Villiers du Terrage : telle portrait du frère de Madame Campan, en veste, à M. le baron de Schlichting. Ce personnage est bibliothécaire de la reine Marie-Antoinette ; il est représenté en perruque, portant un gilet de soie, et fort séduisant. Mais on sait d'où il vient : il ne pouvait avoir un état civil mieux en règle, et nulle bâtardise n'est à redouter. M. Panhard avait connu, lui aussi, ces heureuses chances,

la rencontre d'un nid non visité encore ; il a pu établir
des ascendances irréfutables, comme pour Madame d'Au-
tichamps, grosse dame sans beauté, qu'on eût sûrement
enjolivée dans le cas d'une réfection. De même pour une
Madame de Clermont-Tonnerre : pour Madame d'Es-
trades, au milieu d'un parc, en costume de bergère :
pour la délicieuse petite Mademoiselle de Duras. En
revanche, la duchesse de Guiche donne des inquiétudes,
et le prétendu Gustave III, qui n'est pas le Roi, qui n'est
même ni Roslin ni Hall en personne, mais un indiscutable Suédois pourtant, déroute et embrouille.

Le Louvre, si l'on excepte Sophie Arnould, et encore !
et le prince de Conti (celui du Temple) ne conserve
que des anonymes. Une Sophie Arnould toute semblable
à celle du Louvre est chez M. Panhard ; quelle est la
bonne ? Hall se répétait donc ? Ceci n'est guère à discuter, puisque ses listes d'œuvres, publiées par M. Villot,
dans la notice consacrée à l'artiste, indiquent très souvent le nombre de moutures tirées d'un original. La
réplique d'une miniature n'a donc, *a priori*, rien de
rédhibitoire. On vit des peintres redire jusqu'à quinze
fois une tête qui avait plu. Dumont, Augustin, Isabey,
pour ne signaler qu'eux, allaient jusqu'à cinq ou six
exemplaires. Lorsque le nom reste le même pour les uns
et les autres, tout est bien ; tout est déconcertant si le
nom change ; une réplique du portrait de Castellane,
conservé dans la famille, est chez M. Panhard. On en
fait un duc d'Enghien ! Sophie Arnould donc, le prince

de Conti, plus deux dames anonymes et deux hommes inconnus, en tout six miniatures de Hall, c'est le lot de notre grand musée national. C'est trop peu, en égard aux amateurs cités par nous, et au musée Wallace de Londres, qui en renferme dix-neuf.

Une telle réputation mérite que rien de douteux ne soit porté à son avoir. On peut suivre des filières. La principale serait celle-ci : à sa mort, Hall avait gardé par devant lui un assez grand nombre d'ivoires ébauchés, portraits impayés ou répliques, dont la plus grande partie s'en vint dans le cabinet du baron de Staël. A la vente après décès de ce dernier, Vivant Denon, admirateur et ami de Hall, poussa les meilleurs morceaux qui lui furent adjugés. C'était le même Denon que Hall, en un jour de liesse, avait habillé en femme ; avec la figure chafouine et minaudière du sire, il avait composé une frimousse à tromper les meilleurs juges. Denon n'eut pas tout, loin de là ; Daniel Saint, le miniaturiste de Joséphine Beauharnais, avait également puisé dans le fonds du baron de Staël. Même on avait connu des Hall chez M. de Verninac, beau-frère d'Eugène Delacroix, qui avaient la toute pareille provenance, par don du baron de Staël, dont le trésor avait une abondance rare. M. de Verninac ayant disparu, ses Hall atteignirent des prix dérisoires.

Quant aux portraits de famille, aux mémoires, aux lettres, ils vinrent après diverses pérégrinations en la possession d'Adolphine-Mélanie Isabelle, née en 1777, morte sans alliance, le 28 mars 1852. Ils sont à cette heure chez

Madame Ditte, et furent en partie publiés en 1867 par M. Villot.

Hall disparu, qui voudra continuer sa manière ? Un très petit nombre de gens. Il fut trop un isolé, un dédaigneux d'autrui pour entraîner la foule à sa suite. Nous le disions, il n'eut ni atelier, ni élèves : il n'eut que des envieux. Jean-Laurent Mosnier ou Claude Hoin, qui sortiront un peu de la tradition française des pointillistes, et paraîtront inclinés dans le sens de Hall, se peuvent aussi bien — même de préférence — réclamer de Baudoin ou de Fragonard que de lui. Mosnier entrera à l'Académie dix-neuf ans après Hall, sans l'avoir beaucoup admiré ni suivi. L'identité est plus dans le procédé que dans les intentions esthétiques ; mais ce procédé n'est pas le privilège exclusif de Hall. Mosnier et Hoin l'ont pris à d'autres ; et l'âge du premier le séparant assez peu du Suédois, il y a fort à penser que Hall ne le soumit point à son jeu. Avant 1771, c'est-à-dire quand Hall se lance, Mosnier indique, dans un almanach, son domicile rue du Petit-Bourbon, et sa profession de miniaturiste aux ordres de quiconque. Il a justement, cette année 1771, exécuté une effigie de la Reine qui eut une bonne presse. Sur ordre, il avait tiré quatre « duplicatas » de cette besogne dont il n'obtiendra le solde qu'après de nombreuses suppliques, quatre années écoulées, et beaucoup de belles promesses oubliées. A la façon des gens de son temps, mais avec plus de puissance, sinon autant de finasseries que Hall, Mosnier gouachait, s'attachait aux satins des robes, au précieux et au parfait du décor. Ses visages moins éthérés s'arrangeaient mieux de la parure poussée jusqu'à l'exagération.

Né en 1746, plus jeune que Hall de dix ans, Mosnier n'a pas ses quarante années révolues lorsqu'il entre à l'Académie en qualité d'agréé. Deux ans plus tard, il est en pied définitivement sur un portrait de Bridan. Les circonstances politiques lui paraissent graves; tandis que Hall tente de retrouver la Suède en passant par la Belgique, Mosnier gagne l'Angleterre où Danloux, Ferrières, Pierre Violet et divers autres vont chercher leur vie. Il reste là-bas de 1792 à 1795, exposant à la Royal Academy, travaillant de préférence pour les émigrés de France rencontrés à Londres. De 1795 à 1818 il est en Russie, et pendant ces vingt-trois ans d'exil, il trouve à vivre, mais rien de plus. On le sent alors singulièrement déchu de sa grâce passée; c'est, on ne saurait dire quel ci-devant phraseur habile, tombé dans le bafouillage. Hall avait disparu au moment utile; on ne l'avait pas vu promener un type démodé au milieu de nouvelles parades. Mosnier n'eut point ce bonheur. Son déclin pouvait intéresser les Moscovites, il eût semblé chez nous autres ganache et désuet. Nous ne connaissons rien en France de cette partie de son existence, c'est tant mieux pour sa gloire!

Au plus beau de sa carrière, il n'est point un dessinateur hors de conteste; certaines disproportions dans les figures, et le soin trop minutieux des à-côtés, la préoccupation trop évidente d'appeler les yeux féminins sur l'œuvre, ne sont point d'un très gros seigneur. Ce que nous dirions : « Un peintre des élégances », il l'est, plus que nul ne le fut, même Hall. Il y a chez lui moins de science peut-être, mais combien de charme dans les ensembles ; et en raffinements, en pimplocheries, en fanfreluches autrement plus encore. Deux de ses miniatures dont l'une, datée de 1781, montre Madame de Fitz-James à sa toilette ; dont l'autre, en une pose identique, représente Marie-Paule-Angélique d'Albert, duchesse de Chaulnes, fournissent la preuve que Mosnier comme Hall ne dédaigne nullement la répétition d'une attitude. A vrai dire, les clientes elles-mêmes y incitaient les artistes : leur choix se déterminait sur le vu de travaux antérieurs, dont les poses étaient plaisantes et qu'elles souhaitaient identiques pour elles-mêmes. Les dames de la Cour eurent de ces caprices, les « miniatures-perruches », pour marquer une tendre affection. On penserait que ce fut le cas pour Mesdames de Chaulnes et de Fitz-James, dont l'une est à M. Doistau et la seconde au baron de Schlichting.

Mosnier, qui est en miniature plus près de Roslin que Hall ne fut, aide à comprendre le parti pris mutin et évaporé mis en si belle place par Madame Vigée. Il y eut en 1775, grâce à la reine de France, une convention tacite entre tous les artistes, laquelle, bien entendu, ne fut point l'invention exclusive de Hall. Qu'on eût été charmé de ses façons de traduire les froufrous, ce n'est point à nier ; mais il avait perfectionné, et non pas fourni le thème. On estimera toutefois, d'après la capiteuse personne peinte par Mosnier vers 1780, et aujourd'hui dans la collection Doistau, combien le tard venu suit de près son confrère suédois, et comme il l'égale dans le portrait. La dame est anonyme, elle est assise sur un canapé que ses jupes encombrent ; elle tient un livre et porte un chapeau Lamballe. Elle serait, à premier examen, assez proche dans son allure générale de Marie-Gabrielle de Sinety, duchesse de Gramont-Caderousse, exposée en peinture par Madame Vigée. Le nom de la dame importe assez peu d'ailleurs, ce qui domine, c'est l'impression qu'on a d'être en présence d'un Hall, — d'un excellent Hall par surcroît — et d'assister à la diffusion décisive d'une manière. Une dame, également en chapeau, mais dont les bras ont une gaucherie, est à M. Alphonse Kann. Elle vaut de pareilles remarques.

Avec des aperçus divers, plusieurs peintres de ces temps prirent une situation dans les parades somptuaires. Naturellement deux femmes, Mesdames Labille-Guiard et Vigée, puis des hommes de premier rang, Hoin et Vestier ; un secondaire, le sieur Rouvier ; des sous-ordres, Paliard, Le Tellier, L. Villars et Belin. De ceux-là cependant bien peu qui ne soient que miniaturistes. Les quatre premiers, femmes et hommes, sont surtout peintres à l'huile et au pastel. Le petit portrait sur ivoire est à leurs yeux une besogne bornée, un gagne-pain inglorieux et forcé, qu'il faut cultiver faute de mieux.

Par son âge, Vestier serait le premier du groupe ; par l'entrée à l'Académie, Madame Vigée et Madame Guiard priment. Toutes deux seront agréées en 1783, devançant de dix-huit mois Vestier, leur aîné de neuf ans. Aussi bien la miniature n'est-elle que pour très peu dans leur succès ; d'elles deux, la mieux servie par la renommée est Madame Vigée, dont on prise le talent ingénieux et la note toute neuve. Madame Guiard a le talent plus masculin ; elle étonne par ses pastels vigoureux, et la touche hardie de ses moindres travaux. L'une et l'autre exécuteront des miniatures, mais à leurs heures ; elles ne brillèrent dans le genre que par leurs fortes études, la pratique de genres moins empêchés. Madame Vigée assure en avoir tenté parfois, mais telle est la rareté de ses essais sur ce point qu'on n'en saurait signaler plus d'une dizaine. Encore pour atteindre à ce chiffre devons-nous faire cas de portraits gravés d'après elle en divers lieux. L'une de ces miniatures serait une princesse Potemski ? en une posture étrange avec une tête trop grosse pour le corps et des bras trop courts. La dame est assise de profil au milieu d'une nature perdue dans les arrière-plans ; elle est accrochée des deux mains à son genou gauche, et la figure tournée de face sourit au spectateur. La princesse n'est ni belle, ni très jeune, mais à défaut de signature elle se lie esthétiquement à d'autres œuvres peintes en Russie par Madame Vigée lors de son voyage, notamment les portraits de l'impératrice Elisabeth, femme d'Alexandre Ier, et de la belle Madame Skawronska, aujourd'hui dans la collection Edouard André. C'est du Vigée de 1795, après l'émigration, un peu dérouté et gauche. D'elle au moment de ses succès près de Marie-Antoinette, au temps de son voyage à Naples, à la cour où trône Emma Lyonna, courtisane mariée à Lord Hamilton, on ne sait aucune figure miniaturée. Il y a bien, dans la collection Doistau, un petit ivoire sur boîte ronde, montrant l'artiste d'après une de ses effigies par elle-même; mais il y aurait risque à le lui attribuer sans réserve.

Tout au contraire de sa rivale, Madame Labille-Guiard a commencé par la miniature. Née Adélaïde Labille, fille de Claude Edme et de Marie-Anne Saint-Martin, elle avait été élevée rue des Petits-Champs, où sa famille voisinait avec François-Élie Vincent, peintre de Genève. La maison des Labille avait autrefois hébergé Madame du Barry; on ne manquera point de se réclamer plus tard de ce lien très fortuit pour se faire ouvrir les portes de la favorite. Vincent peignait en miniature et en émail comme tout bon Genevois; c'était là un art de demoiselle; Edme Labille n'eut aucune peine à laisser sa fille prendre les leçons de Vincent. On ignore tout des débuts de la jeune Adélaïde, ce qu'on sait fort bien, par exemple, c'est qu'elle fut mariée très jeune à un sieur Guiard, de ses prénoms Jean Hugues, commis général à la recette du clergé. Ceci se passa en 1769, elle avait au plus vingt ans.

On a conservé d'elle un petit chef-d'œuvre appartenant à M. Fitz-Henry, représentant un portrait d'homme grand comme un chaton de bague, qui est bien ce que l'art spécial du miniaturiste a laissé de plus parfait, même vis-à-vis de Hall, même vis-à-vis de Drouais. Je soupçonne que ce personnage, mis comme un seigneur, n'est que Claude-Edme-Labille, père de Madame Guiard. Car cette petite merveille est signée *Labille femme Guiard* de la plus nette façon qui soit. Pour risquer un tel tour de force, il faut des yeux de vingt ans. Son mariage d'ailleurs, loin de la détourner de son art, suivant qu'il arrive parfois, lui donnait une envie plus formelle de s'y faire un nom. Jean-Hugues Guiard, en dépit de ses attaches cléricales, n'était point un modèle, tant s'en faut. La vie de la jeune femme connut des traverses singulières. Guiard n'avait ni ses goûts ni son éducation ; les beaux-arts ne comptaient à ses yeux que comme source de bénéfices, il le cachait trop peu. Un secret penchant liait depuis l'enfance Madame Guiard au jeune François-André Vincent, fils de François-Élie. Ce garçon qui avait passé par Rome, et qui était peintre, s'en revint de là-bas durant une période fort maussade de la vie intime de Madame Guiard. Cependant la situation personnelle de celle-ci s'était affermie. Elle avait exposé, en 1776, une miniature d'elle-même, que la critique disait peu flattée, ce qui était flatteur. C'était, croyons-nous, le portrait où l'on voit une jeune femme devant son pupitre de miniaturiste. Vincent fils, une fois rentré en France, avait eu d'heureux débuts ; tout de suite Madame Guiard le rechercha, et le bon prétexte fut qu'il était son

maître en peinture. Avait-elle tant besoin d'un professeur? En miniature certes non, car on connaissait
d'elle nombre de morceaux d'une qualité hors de discussion. « Dans sa miniature, opinait un critique
aimable, il y a une belle manière de faire agréable et de
beaucoup d'effet. » En fait, ce qu'on retenait d'elle,
c'étaient les admirables boîtes montrant Mesdames Adélaïde ou Victoire de France, ses bonnes protectrices, personnes âgées alors, et que Madame Guiard accommodait
divinement bien. Une de ces bonbonnières fait partie
du trésor de M. le baron de Schlichting ; elle est décorée
d'un portrait de Madame Adélaïde ; c'est l'effigie idéale.
Hall n'aurait su dire avec cette conscience hardie et
crâne la figure marquée de la princesse, et les atours de
jeune femme dont elle est vêtue.

L'entrée de Madame Guiard à l'Académie, coïncidant
avec celle de Madame Vigée-Le Brun, ameuta les petites
jalousies. Les moins violents détracteurs insinuaient que
ces dames avaient en haut lieu des répondants, d'où leur
gloire. Vincent prenait pour lui une bonne part de ces
calomnies ; on ne l'accusait ni plus ni moins que de par-
faire les tableaux de son élève et amie. Quant « à la
Vigée », c'était mieux. Les papiers inédits de l'architecte
Lequeu, misogyne fort notable, expriment tout à trac
les histoires colportées, dont le ministre Calonne est
fort atteint.

Le résultat le plus appréciable du talent de Madame
Guiard en miniature, c'est d'avoir initié à cet art Marie-

Gabrielle Capet. Mademoiselle Capet, ce sera une dame Guiard plus alerte, moins retenue par les considérations d'école et de relations. Nous aurons à reparler de Gabrielle Capet, mais il la fallait signaler au passage. Dans un grand tableau peint, appartenant à M. Briois, Madame Guiard s'est montrée au milieu de ses deux élèves favorites, Mesdemoiselles Rosemont et Capet. Cette dernière restera fille, Mademoiselle Rosemont épousera le graveur Bervic. Mais, dès cette époque, Madame Guiard ne peignait plus guère de miniatures; les pastels et les tableaux prenaient tout son temps.

Il lui avait fallu attendre la loi sur le divorce pour se lier définitivement à Vincent ; dès qu'elle le put, elle n'y manqua point. Ni lui ni elle n'étaient des tourtereaux : pour tous deux, la cinquantaine avait sonné ; aussi ne purent-ils longtemps jouir de leur bonheur. Ils avaient élu domicile au Palais des Arts, dans l'un des appartements réservés aux membres de l'Institut national. C'est là que le 4 floréal an XI (24 août 1803) Madame Vincent mourut, laissant son pauvre ami tout désemparé et à demi fou de chagrin.

C'eût été très sûrement désobliger Madame Vincent, née Labille, « ci-devant Guiard », que de la classer parmi les peintres en miniature. D'année en année, elle convenait moins qu'elle l'eût jamais été. Pourtant elle le fut, et d'une qualité rarement rencontrée supérieure. Sa note persuasive et enveloppante, la fierté de son jeu resteront, même au regard de Mosnier, même devant Hall

Pas un portraitiste n'entendit à l'égal d'elle la grâce d'une chevelure ou l'heureux désordre d'une toilette ; elle suivait les modes sans en accepter le côté niais. La coiffure de Madame Adélaïde est d'un goût parfait, encore que l'échafaudage jeunet sur un visage marqué notât quelque sottise de coquette surannée. Sur Vestier et sur Rouvier, elle avait l'avantage de la liberté et de la fougue ; ses clairs dans les rendus de la soie valent ceux de Mosnier, avec beaucoup de dessin en plus. Elle fut de tout point une artiste douée, assurée et solide, que l'art de miniature s'honore d'avoir comptée parmi ses tenants.

Le grand secret des talents rencontrés en ces moments dans les travaux menus et précieux, c'est que tous, petits ou grands, modestes ou illustres, n'étaient pas que peintres sur ivoire. La majorité d'entre eux s'était appliqués à la science du dessin dans toutes ses branches. Depuis le linéaire jusqu'à la gravure même, ces gens avaient touché à tout, approfondi les procédés et détaillé les techniques les plus compliquées. Voici Antoine Vestier encore, dont certainement le renom de miniaturiste prime celui de peintre ; Vestier a fait et a pu faire de tout. Au fond, c'est d'abord un peintre et, par ce mot, nous devons comprendre ce que pensaient les très vieux, c'est-à-dire une sorte de maître ès arts graphiques, spécialisé dans un genre, mais les possédant tous. Les acceptions modernes faussent le sens de ces désignations ; nous disons un peintre, un miniaturiste, un aquarelliste ;

les anciens disaient un peintre tout bonnement, et souvent ce peintre modelait ou sculptait, taillait le bois ou les métaux en figures par-dessus le marché. C'est faute d'admettre ces origines que tant de critiques tard venus parlent de ces choses avec des méprises risibles. Donc, Antoine Vestier d'Avallon était un peintre de la vieille observance. Il était venu de sa ville natale à Paris pour y étudier chez Messieurs de l'Académie. De là la plénitude d'allure dans les petites choses, et la désinvolture qu'il y met. Rien ne l'avait préparé à sa carrière future ; il est l'enfant d'un très maigre commerçant, Jacques Vestier : sa mère est Mademoiselle Boullenot. Lorsqu'il s'en vient à Paris, en 1760, il a juste vingt-cinq ans, peu d'écus et moins de science que d'écus. Et lorsque, après son apprentissage aux ateliers officiels, il voudra tirer profit de ses premiers efforts, on le trouvera engagé dans une assez mauvaise voie. Pour vivre, il est entré chez un sieur Révérend, émailleur de commerce, travaillant pour les orfèvres. Ce Révérend rappelait, en moins riche, M. Phlipon, père de Madame Roland ; c'était un pseudo-artiste fort industriel de sentiments et de goûts, qui n'eût point manqué de lancer Vestier dans son ornière s'il n'était mort. Il mourut à propos, car une histoire romanesque allait définitivement lier le jeune et imprudent Bourguignon à la fortune de Révérend. Celui-ci avait une fille, Marie-Anne ; une idylle s'était vite ébauchée dans le trantran journalier qui faisait de l'apprenti un commensal obligé de la maison. D'ailleurs, aucune oppo-

sition à une alliance ni de la part des Vestier, ni du
côté des Révérend. Ce n'était pas l'union de deux for-
tunes, puisque Vestier père n'avait pas thésaurisé outre
mesure. Seulement, voilà ! Antoine Vestier pourrait un
jour continuer les affaires et produire pour la clientèle
d'orfèvres de Révérend les petites horreurs bariolées et
cuites en émail que l'on copiait d'après les maîtres. Cela,
c'était le néant pour le jeune homme ; la mort tran-
cha la question. Antoine Vestier, qui détestait l'émail
de pacotille, mais adorait Mademoiselle Révérend, ne
manqua point de l'épouser aussitôt. Il étaient à peu près
du même âge, tous deux nés en 1740, lui en avril, elle en
novembre. Pour la forme, il garda la boutique ouverte
quelque temps, puis tout à coup il se jugea digne de
mieux. Il ferait désormais le portrait en pastel, en peinture, en miniature surtout, même en émail si le cas
échéait. Il s'en allait demeurer rue Salle-au-Comte, où
naquit son premier enfant en 1765, Nicolas-Jacques-
Antoine. Deux ans après, rue Bourg-l'Abbé, la petite
Marie-Nicole naissait à son tour. Celle-ci sera ultérieurement élève de son père et deviendra la femme du célèbre
François Dumont. Quant à Nicolas-Jacques-Antoine, il
sera architecte et se mariera en 1793.

En renom posthume, peu de miniaturistes dépassent
Vestier. Le dada moderne est de lui reporter généreuse-
ment tout ce qui, en miniature, est un peu gris, un peu
pastel, avec, dans les fichus de femmes, ces lisérés de
satin blanc d'un joli effet. Il y a lieu de redouter ces

extensions, surtout si l'on veut bien prendre garde que Lié Périn, lui aussi, eut des gris et des rubans, que Mademoiselle Capet et cent autres en feront leur profit peu après. Pour dire le raisonnable en ceci, jamais Vestier ne s'annonça par des personnalismes aussi irréductibles que ceux remarqués chez Hall ou François Dumont. Il n'aime point à se répéter. On sait de lui des œuvres pointillées, léchées à outrance, d'autres savoureuses et larges, lancées de brio, en peintre. Un portrait de jeune fille apppartenant à M. le comte de Loisne est un des premiers signés et datés de lui ; il fut exécuté à Londres comme l'indique la mention : *Vestier fecit 1776 London.* C'est ici une révélation, car le voyage de Vestier à Londres n'était pas signalé. Il coïncidait avec la fermeture des ateliers de Saint-Luc et la célèbre exposition du Colisée. Les artistes français avaient appris le voyage en Angleterre à la suite de Gravelot et de Falconet. C'était la terre promise, où les sterlings redoraient assez volontiers les escarcelles vides. Reynolds n'était pas pour tous les moyens, comme on peut croire, et les gens moins haut cotés ramassaient ses miettes.

Ce portrait de son séjour à Londres, dans sa forme retenue et travaillée, accuse une première manière de Vestier assez inconnue. A trois ans de là, en 1779, la note moussue et vaporeuse prend le pas. Le portrait de Madame de Venzel représente une dame à sa maturité « bienveillante », encore agréable, d'un galbe pur et d'une belle élégance. Elle et la duchesse de Polignac — je donne ces noms, mais sans en répondre — toutes deux dans le cabinet Panhard, attestent d'une méthode proche de Hall, plus proche encore de Madame Guiard. Mais où Vestier se fut-il produit en 1782, si La Blancherie n'eût été là ? Le voilà enrégimenté dans les clients du Salon de la Correspondance, dont le Bulletin signale aussitôt ses envois ; on voit là deux miniatures de dames : « Petits morceaux ayant un mérite peu commun. Ils ont été remarqués par une touche douce et agréable, un coloris brillant et les caractères du dessin. » Cette note aimable est du peintre lui-même ; c'était d'usage. Il répond aux reproches qu'on lui fait encore de se complaire en des tons grisaille. Seulement, quelle idée plaisante Vestier n'a-t-il pas de joindre à ses deux portraits une Ninon de Lenclos d'après Mignard ? Il est vrai qu'en ce moment l'Académie est un mirage pour lui, et que Mignard est en bon renom classique. Mais on a fait mieux encore pour son succès, c'est de répandre une légende. Bien plus tard, en 1806, *le Pausanias français*, la reprenant à son compte, écrira ces lignes : « Il a le premier donné du caractère à un genre qui semblait ne devoir jamais en avoir, la miniature. Vestier a ouvert la route. » C'était peut-être faire trop bon marché des autres et majorer étourdiment son rôle. Ce qui peut se dire, c'est qu'il est de la bonne descendance française, gaulois, ironiste et franc. Qu'on lui donne pour modèle une femme laide, comme cette dame et ses deux enfants aperçus autrefois aux Alsaciens-Lorrains dans une peinture à l'huile, Vestier n'embellira

pas cette frimousse rougeaude. Un jour, il avait montré
de Madame Vestier un peu trop de ce que Tartufe n'eût
su regarder, et ce portrait existait encore à Avallon en
1865, chez les héritiers de Monfray. Mais alors Vestier
était de l'Académie, où il était entré en 1786, il pouvait
oser davantage. En 1789, une peinture de lui avait révélé,
aux Français bénévoles et crédules, ce Masers de Latude
qui restera son chef-d'œuvre à ses propres yeux, mais
dans lequel le mélodrame politique tenait une place un
peu envahissante. C'était le temps où sa fille allait épouser François Dumont, son jeune confrère de l'Académie,
et il l'avait dite en miniature dans sa pose la plus avan-
tageuse, tenant sa palette. Quant au reste, il est difficile
de fournir une liste de ses œuvres. Les Salons de l'Académie entre 1785 et 1798 ne signalent que des cadres de
miniatures sous un numéro unique, sans désignation,
sauf que, en 1796, il nous indique : « une dame pinçant
de la guitare ». Lui, si fier de son Latude, est cependant
inquiété par la marche en avant du révolutionnaire Louis
David. Les arts mineurs, sous toutes leurs formes, lui
paraissent négligeables, il a honte des ci-devant peints
par lui avant « l'ère de la Liberté ». Nous ne saurons
donc jamais qui est la dame âgée, assise dans une large
bergère et lisant une lettre. Serait-ce Marie-Anne Révérend sur ses soixante ans? on le voudrait penser, tant le
peintre a mis d'intimité et de caresse en ce petit cadre
conservé intact par M. A. Kann. C'est d'ailleurs, à dix
années de plus, le portrait frappant de la Madame Vestier
du Louvre, exécuté par Dumont.

Successivement logé au Louvre, puis à la Sorbonne, Vestier avait tourné au régime nouveau et s'était rallié à David. Il le fallait alors, si l'on voulait vivre et ne pas nuire à l'établissement des siens. Ceci avait sauvé la mise de son gendre Dumont qui n'avait pas assez franchement rompu avec ses attaches. Sous l'Empire, Vestier n'a point abandonné la miniature, mais sa vue baisse. Comme l'explique Chaussard « de nouveaux talents se sont élevés... alors on a surpassé M. Vestier lui-même. Les peintres qui remportent aujourd'hui la palme de ce genre mettent dans leurs portraits plus d'éclat, plus de vigueur, plus de fini ». C'est le terme juste ; nous voyons dans la collection Kann un portrait de dame signé *Vestier 1804* ; c'est encore galant et aimable, presque jeune, mais on devine que l'auteur a de l'âge et que ses moyens titubent. Lorsqu'il lui avait fallu quitter la Sorbonne, il était venu habiter 23, rue de Seine ; mais ce n'était plus Vestier. Il mourut là le 24 décembre 1824, à quatre-vingt-quatre ans, inconnu de la génération nouvelle, très définitivement sorti de la mémoire de ses confrères.

A dix ans près, il était le contemporain de Claude-Jean-Baptiste Hoin, son compatriote bourguignon aussi, car d'Avallon à Dijon, c'est une course faisable en une journée... Mais dix années ont mis entre eux un intervalle plus considérable. La raison en est que Vestier est l'élève de Pierre et que Hoin a étudié chez Greuze. De Pierre à Greuze, un siècle !

Hoin fut surtout un pastelliste, un peintre de grandes

figures : s'il descendait à la gouache, aux compositions
d'illustrations aimables, il rappelait les meilleurs jours de
Baudouin. Sa *Nina*, gravée en couleurs par Janinet,
restera comme un type de composition habile et gracieuse.
La Jeune Fille aux Roses, à M. Deutsch (de la Meurthe),
est un morceau de qualité, moins libre qu'un Fragonard,
mais d'une tenue exquise. En 1782, Hoin confiait au
Salon de la Correspondance, refuge des jeunes, « une
gouache représentant un tombeau consacré à son père et
à sa mère, dans un jardin disposé à la manière anglaise,
où il n'a employé d'autre blanc que celui de zinc récemment découvert par M. Morveau ». Cette piété filiale,
servant à une réclame, n'est-elle pas d'une allure moderne
fort américaine ? Mais en célébrant le blanc de zinc de
Morveau, Hoin ne pouvait prévoir les mécomptes d'a-
près, le noircissement de ces blancs, qui feront de certains visages poudrés des faces de Congolais. Par fortune,
le blanc de zinc en était à ses débuts ; Morveau avait
livré à Hoin des produits soignés ; celui-ci n'eut pas trop
à souffrir de s'être offert aux expériences.

Ses miniatures ont de la rareté ; elles ont aussi de l'im-
prévu. Un portrait de femme de la collection Fitz-Henry,
cherché dans le jaunâtre et le ton chaud, est un bijou de
coloris, de saveur de touche frissonnante et audacieuse.
Ces recherches de symphonie ne sont point la trouvaille
de nos récents équilibristes, qu'on y songe bien. Isabey
aura de ces recherches en tons sur tons. Augustin
lui-même, plus occupé de dessin que de couleur, y vien-

dra aussi. La femme peinte par Hoin est de physionomie lourde ; ce n'est plus une jeunesse à cette date qui paraît voisine de 1785. On avait cru à la Dugazon ; en 1785, celle-ci était encore jeune ; on a dit Mademoiselle Contat. C'est possible, mais c'est tout aussi vraisemblablement une personne quelconque, « l'anonyme intégrale ». Elle est aussi bien sans nom.

A l'exemple de Descamps, de Laurent de Baccarat, de Mouchet, de Lemoine, Hoin restera fidèle à sa ville natale. Sa carrière très honorable s'est faite à Dijon ; il y mourra conservateur du Musée en 1817. Son portrait par lui-même, dans le cabinet Panhard, rappelle celui du prétendu Gustave III de Hall. Est-ce bien authentique, cette effigie ? On le voudrait croire.

Si de ces peintres, miniaturistes occasionnels, nous venons à ceux de la profession pure, aux moyennes gens du Palais-Royal, spécialistes exclusifs de l'ivoire, nous sommes à un étiage moindre aussitôt. Les différences s'accusent par des timidités de facture, certaines puérilités, la passion de pousser trop loin, d'outrer les inutilités et de passer vite sur le difficile. Plus près de Vestier que de tout autre, mais à deux échelons plus bas, on rencontre Rouvier, celui-là professionnel de la miniature, seulement cela, obscur, inconnu — méconnu plutôt — et de pratique molle, de dessin hésitant, d'allure empêchée. De lui, tout est obscur. On ne peut déterminer ni sa naissance, ni ses origines, ni même l'endroit de sa mort. On le voit passer chez La Blancherie dès 1779, ce qui lui donne au moins vingt-cinq ans, l'âge approximatif de Madame Guiard. Dès 1778, il est signalé ; il habite rue Croix-des-Petits-Champs, « la maison neuve en face de la rue Coquillière », mais il n'est que le sieur Rouvier. Ni prénoms, ni lieu de naissance. Il a naturellement exécuté un portrait de La Blancherie qui ne lui ménage point les éloges. En 1782, il continue son abonnement à l'impresario, ce qui n'était point le cas ordinaire, car il ne manquait pas de gens pour trouver lourde la redevance exigée à la Correspondance. Aussi les éloges enflent-ils leurs pipeaux. « Cet artiste, dit le Bulletin, dont les ouvrages intéressèrent aux assemblées de 1780, ne dément pas l'espérance qu'on en avait conçue ; il joint à la ressemblance de la couleur et de l'agrément. » La couleur s'est volatilisée, mais l'agrément reste ; le procédé gris de Rouvier, c'est du Vestier plus sec, un Hall passé à la lumière du jour. Le reproche à faire est le modelé subtil et par trop maigre. Dans une très jolie pièce qui nous donne les traits pâles et chlorotiques de Madame Foacier, la fille du célèbre Soufflot, Rouvier a donné toute son haleine. On le sent manquer de profondeur. C'est à la fois exquis et un peu chiche, trop ténu et impondérable. La jeune dame est d'une distinction infinie, presque douloureuse ; on lui sent des consomptions menaçantes. L'ajustement, fort étudié, rachète nombre de petites erreurs. De cette toilette en avance sur son temps, tarabiscotée, amplifiée à la mode de 1780, Rouvier a su composer un décor très seyant à la petite figurette chafouine et maigrichonne de

la personne ; Madame de Saint-Martin Valogne, qui possède ce joyau de famille, détient assurément le chef-
d'œuvre de Rouvier, comme nous la verrons posséder
le Guérin le plus étourdissant qui nous soit venu.

Par cette pièce hors de pair, par quelques autres aussi
de la même époque, tout pareillement conçues dans les
tons cendre, nous devinons l'orientation de Rouvier
dans le sens des touches pâlies, nacrées et apaisées. Cependant on peut admettre aussi que sa palette, fournie
de bleu, de rose ou de carmin, offrît au soleil une proie
facile et qu'il ne nous reste de Rouvier que les couleurs
moins attaquées par la lumière. On sait pourtant des
œuvres de lui, venues jusqu'à nous à peu près indemnes,
qui sont d'ordonnance grisâtre.

Passé 1785, rien de Rouvier que nous ayons pu connaître. Un portrait de Madame Vigée, signé et daté 1785,
est aujourd'hui chez J. Ward Usher, esquire. Ne l'ayant
point vu, je n'en puis rien dire, mais il est peu vraisem-
blable que la grande artiste ait offert ses traits à Rouvier. Ce n'est d'ailleurs qu'une impression basée sur ce
fait qu'un client de La Blancherie, sauf qu'il transcrivit
un portrait peint par un autre, ne se fût pas attaqué à une
académicienne, dont les moindres instants avaient leur
occupation indiquée chez la Reine ou chez les princes. Il
y a des raisonnements *a priori* qui valent des preuves.

Une présomption, certes, serait de vouloir nommer tout
le monde et d'assigner à chacun sa place juste. Chronologi-
quement, le pourrait-on, si l'on n'a su découvrir aucun

élément d'état civil rigoureux ? Qui est Paliard, dont une miniature d'homme, au millésime de 1791, est un morceau d'un très charmant abandon ? M. le comte Mimerel, qui a longuement recherché ces anonymes de la miniature, et en possède aujourd'hui la réunion la plus considérable, nous avait permis de choisir en ses vitrines, pour les exposer, les plus remarquables de ces oubliés ; Paliard est justement l'un de ceux-là. Il a de Hall les nervosités de main, les touches franches et alertes, mais on dirait à son honneur qu'il a plus de respect pour les physionomies. Lyénart, dont un minois de femme, enlevé, bâclé et fort habile, se rencontre chez M. David Weill, dont un autre représentant la du Barry, est chez M. X, est lui aussi un faux Hall, à donner illusion et à faire craindre pour d'autres œuvres mises au bénéfice du Suédois. L. Villers artiste énigmatique, parfois confondu avec Villers Huet, a de belles manières de miniaturiste dans un portrait de la Chevalière d'Harleville, en homme, au comte Mimerel. Villers habitait rue et porte de Montmartre ; on le vit figurer aux Salons de 1793 et de 1804 ; mais le beau de son talent est entre 1785 et 1790. C'est un dessinateur, un coloriste, un raffiné. Il possède une galerie de tableaux contemporains, entre autres un tableau de Demarne, *la Foire en Franche-Comté*. Nous savons de lui, dans les collections du baron de Schlichting et de M. Doistau, deux portraits de dame signés et datés de 1787, qui tiennent la comparaison avec de plus célèbres compères.

Qui donc cite Le Tellier, habitant du quai Conti en 1777, que l'Almanach historique mentionne, et qu'il dit peintre en émail ? Vers ce temps Le Tellier, émule de Vestier, travaillait au compte des orfèvres Drais et Gaillard : il exécuta même, pour une boîte, un portrait original de la Reine à lui payé 15 louis, lequel fut copié et recopié à 10 louis la pièce. En 1793, Le Tellier s'est transporté rue de Cléry, puis rue des Bons-Enfants. De sa manière, le Musée du Louvre conserve un petit portrait de femme, daté de 1771, une dame accoudée sur un coussin bleu. Une esquisse très curieuse, sur papier de carte à jouer, appartenait autrefois à Augustin qui l'avait jointe à son petit trésor de souvenirs : une jeune fille en fichu et en costume villageois d'opéra-comique, debout au milieu d'un paysage. En prenant à l'un des héritiers d'Augustin les pauvres reliques du grand artiste, M. Pierpont-Morgan joignait cette petite fleurette jolie à tant d'autres merveilles.

Une scène de théâtre de société à l'hôtel d'Aiguillon, en 1775, appartient aujourd'hui au comte A. de Chabrillan. Le Tellier en est l'auteur, et, disons-le, ce n'est pas de premier ordre. Mais c'est ici une page d'histoire documentaire dont les rencontres sont rares. L'œuvre est, en intérêt, sinon en qualité, de même ordre que le portrait de Mesdames dans un travesti par Daniel Welper. Ceci dit, lorsque nous aurons mentionné les envois de Le Tellier aux Expositions de 1793, de 1800 et même de 1812, où rien de saillant ne se peut indiquer, les renseignements de notre science bornée seront à leur complet.

Bien d'autres de moindre conséquence seraient à ranger dans le sillage de Hall, l'un est un étranger, un peintre lourd, très allemand de carrure et de talent, Jean-Ernest Heinsius, miniaturiste occasionnel de Mesdames, et qui laissa chez nous de menus portraits nuageux, embrumés, sans grande attache avec les nôtres. Heinsius venait de Weimar, le cas n'est point douteux, et comme tout étranger établi en France, — pour y vivre de nous et travailler au rabais, — il professait un mépris souverain de nos peintres. Aussi le vit-on demander à Hall, puis à Campana, ce que chacun d'eux possédait de plus médiocre, pour s'en créer une manière en habit d'arlequin qu'il estimait fort personnelle. On sait de lui, dans la collection Panhard, une assez jolie petite esquisse, Madame d'Aubusson au bord de la mer. Il avait exposé aussi à la Correspondance, en 1782, la famille d'Espagnac. Mais il peignait surtout à l'huile, comme il parlait, avec un accent d'Outre-Rhin un peu trop sensible et sans beaucoup de grâce.

De Hall à Le Tellier, en y ajoutant encore des retardataires tel Belin (Claude-Alexandre) dont le comte Mimerel nous a présenté une remarquable effigie d'homme âgé — sorte de Franklin qui aurait des cheveux — signée et datée 1794, tout ce monde habile, déluré, plein de ressources imprévues, est né dans la première moitié du siècle. C'est, pour être juste, un expédient de classement, choisi par nous, mais sans grande valeur scientifique. Nous avons cherché ainsi à grouper autour de Hall ceux de ses confrères, qui sans se réclamer expressément de lui, semblent continuer et élargir sa pratique. De cette phase éclatante, il reste un homme dont la vie est à peu près inconnue, mais qui demeura, en pleine orgie de techniques, le miniaturiste de la bonne observance française, descendant direct et traditionnel des anciens, Luc Sicard, dit Louis Sicardi d'Avignon.

La mode provençale, dès le xve siècle, est que les «gens de mestier » italianisent la désinence de leur patronymique. Non pas même italianisent, mais bien plutôt latinisent, en affublant leur nom d'un génitif. Luc Sicard eut d'autant plus hâte de s'accorder à l'usage que le Sicardi lui parut sonner plus allègrement. Sur son enfance, son stage aux ateliers, sur ses patrons même, pas une notion sûre. Lorsqu'on le mentionne, il est déjà assez lui-même pour être employé aux dons du Roi. Il a ses trente-cinq ans.

On lui vit, dès la première révélation de son personnage, une formule arrêtée et nette, un fini uni à un fondu de tons que les miniaturistes dédaignaient depuis un demi-siècle. Sicardi apportait de sa province un jeu qui semblait inédit, mais qui venait en droite ligne des enlumineurs de jadis : un besoin de tout dire, une conscience que se fussent souhaitée un Enguerrand Charlon ou un Changenet de trois cents ans auparavant.

Sicardi pointille ses chairs avec une perfection et un nuancé qui stupéfient lorsqu'on estime le labeur représenté par cette mosaïque imperceptible. Les habits seront parfois traités avec plus de largeur, les fonds plus librement cherchés, sans en faire toutefois une règle immuable. C'est dans cette note pleine de sincérité et de franchise, très peu courtisanesque, que les portraits de grands personnages sont livrés par lui au service des Menus ; c'est cette vérité spirituelle, un peu ironique dont la phrase a tant plu à la Cour. Quelqu'un de bon rang a déclaré que cela était la vie même, ce qui fut tantôt admis et répandu en tous lieux. Il en paraissait ainsi à cause de la maîtrise du dessin initial, de l'aménagement des dessous qui ne laissaient rien au caprice. Du 19 décembre 1780 au 21 février 1784, en quatre ans, Sicardi fournit au chapitre des dons royaux une trentaine de miniatures dont une, en 1780, ira au chevalier Zéno, ambassadeur à Venise ; et une autre sera offerte au prince Doria Pamphili, nonce du pape, venu en France pour apporter au Dauphin les langes bénits, et le portrait du Roi sera, pour la circonstance, appliqué sur une boîte de 30.000 livres. Puis, ce seront des souvenirs pour le duc de Gravina, pour le chevalier de Virieu, pour le comte O'Reilly, capitaine général de l'Andalousie, pour Lord Fitz-Herbert, ministre du roi George III. D'autres ni moins précieux, ni moins soignés par Sicardi, seront remis au duc de Manchester, au comte Warner, au prince Bariatinski et à nombre de gens qualifiés et tous fort amateurs. Mais Sicardi est un miniaturiste d'essence, seulement un miniaturiste : il sera loué, admiré, membre de l'Académie de Bordeaux dès 1771, à moins de trente ans ; il ne sera jamais agréé à l'Académie royale.

On a de la peine à croire qu'un artiste déjà fort en vue en 1780 ait pu continuer son genre ténu jusqu'en 1817, date de l'un de ses derniers portraits. Alors étonné que l'on est de le voir nommer tantôt Luc, tantôt Louis, surpris aussi que les livrets mentionnent Sicardi père et Sicardi fils, on est conduit à supposer que deux Sicardi existent concurremment, l'un né en 1746, l'autre vers 1776 et dont les esthétiques se fondent au point de ne se démêler guère l'une de l'autre. Cette opinion, basée sur l'orientation plus épicée du Sicardi de la Révolution et de l'Empire, inventeur de petites scènes galantes, est un peu contredite par les livrets d'exposition qui ont l'air de donner au Sicardi de 1780 l'*Arlequin égoïste* de 1804. Bien mieux — sauf qu'il se fût lui-même trompé et ceci n'est guère présumable — Chaussard, un contemporain qui connaît Sicardi, exprime à propos du portrait de Mademoiselle Bourgoin exposé en 1812 : « Sicardi gagne toujours en talent, ce qui est digne de remarque, *surtout à son âge.* » Donc Chaussard le croit ou le sait un vieillard. En fait Sicardi n'est plus très loin de ses soixante-dix ans.

Telle est sa célébrité dans le genre que son nom est devenu synonyme de miniature poussée, pourléchée, conduite à son extrême. Même quand, au Salon de 1796, mordu de la tarentule académique, il voudra tenter la peinture à l'huile, il ne saura qu'exagérer encore. Mais nous prenons ici un peu d'avance, nous ne considérons Sicardi en ce moment que dans le parfait de son talent, avant les concessions à David.

Un de ses chefs-d'œuvre restera le portrait, tenu dans la symphonie bleutée, d'un seigneur de 1788 aujourd'hui à M. Ed. Taigny. C'est là un de ces morceaux impeccables de Sicardi que l'on donnera à copier au jeune Isabey débutant ; mais pour l'inexpérience de l'apprenti, quel modèle déconcertant ! Rien en miniature ne saurait montrer plus de science ni plus d'esprit malicieux. C'est la synthèse de toute une époque, écrite sur un visage d'homme. Dans ce masque ouvert et rieur de garçon impertinent revivent les dédains aristocratiques d'un La Rochefoucauld, le scepticisme d'un Lameth et l'insolence d'un laquais de bonne race. A ce point de philosophie la miniature vaut la peinture ; y contredire serait de mauvaise foi. Et les survivants de la production de Sicardi ne sont pas si introuvables : pas une collection qui n'en garde. Au Louvre, c'est un portrait de Louis XVI ayant appartenu au duc d'Aumont en 1791 ; plus une boîte provenant de Lenoir, ornée du portrait de deux jeunes filles en chapeau devant un clavecin. Au musée Wallace dix pièces ont été recueillies, parmi lesquelles cette étourdissante fille, Mademoiselle Cail, en costume de Bacchante, supérieure à la lady Hamilton peinte à Naples dans un pareil costume par Madame Vigée. Chez

M. Gaston Le Breton, de Rouen, un trésor : le portrait
du sculpteur Pajou provenant de la famille. Derrière on
lit : Augustin Pajou, sculpteur du Roi, peint par M. Sicard
en 1789, année de la Constitution. » Et pour celui-ci,
pour ce maître inimitable « M. Sicard » s'est surpassé.
Simplement campé, sans rien d'oiseux ni de chargé, Pajou
sourit finement : à première vue ce serait un bourgeois
quelconque, tant il y a de calme volontaire dans le regard,
de bonté innocente dans la bouche. Mais à l'examen tout
s'illumine et décèle l'homme ; si l'on fouille à la loupe
cette besogne, si libérale d'ensemble, on juge quelle
admirable conscience s'est appliquée aux détails, et
quelle main assurée a limité d'avance le moindre champ
d'opérations.

Pour l'étude des pointillés de Sicardi, rien ne vaudra
jamais le curieux groupe de deux enfants, cousin et cousine, appartenant au comte Allard du Chollet. Dès l'a-
bord une disproportion de stature entre le jeune garçon
et la petite fille déroute un peu. Mais bientôt les choses
reprennent leur place. Tout y est calculé, rien ne sent
l'effort. Et voici que la malice des anciens, un peu rajeu-
nie, se donne carrière dans cette scène minuscule. La
fillette regarde son cousin, collégien impassible et un peu
gauche, elle très moqueuse et prête à éclater de rire
devant ce bougon inamusable. Ce sont là des recherches
inhabituelles dans les portraits de famille, et d'une difficulté pleine de péril. Sicardi a exprimé un épisode qui
sans doute avait amusé les parents, et que lui tout seul

pouvait tenter. Nul doute que Jean-Baptiste Augustin.
venu de sa province, ait regardé plus attentivement Sicardi qu'il n'admira le Suédois Hall. Augustin sera de la
descendance cultuelle des anciens. en passant par Sicardi
d'Avignon.

Sur la fin de sa vie, Sicardi vise la scène gaie. les
sujets plaisants, dont la mode, venue de lui, se continuera très tard. En portraits, ce seront les gens de
théâtre. Ses moyens ont baissé. Son pointillé microscopique d'autrefois se fait gros et lourd. Lorsque, dans une
œuvre petite, le procédé s'aperçoit et s'impose dès l'a-
bord, il y a déséquilibre. Isabey, qui aura un peu admis
les techniques de Sicardi, a su les racheter par des gla-
cis fluides, des gazes en nuages ; Sicardi demeure ponc-
tuel et rêche. Pour la miniature, il n'avait rien changé
sauf que, d'impondérable, le modelé des chairs était obtenu par un semis visible. En 1814, comme tous les
autres, il redevint légitimiste très convaincu ; on admire
d'autant plus les portraits de Louis XVI et de Marie-
Antoinette, publiés par lui, qu'on n'ignore pas les relations demi-séculaires de ce même monsieur à perruque
avec le ci-devant service des Menus Plaisirs. Sicardi est
pour les émigrés revenus ce que fut Isabey, peintre de
Napoléon Ier à la cour de Napoléon III. Ce sont là des
renouveaux éphémères ; la jeunesse est trop lointaine et
l'expérience ne compense pas toujours la fermeté de la
main ou l'acuité du regard. Chez Sicardi, la myopie
des débuts, « l'œil en loupe », est devenu un pauvre

instrument surmené, refusant le service. Ces effigies du Roi et de la Reine, reprises après vingt ans, par un témoin de leur vie, sont un argument contre l'idée d'un fils de Sicardi continuant son genre au point de se confondre avec lui.

Quatre ou cinq fois, en un demi-siècle, il a changé de domicile. On l'avait connu 153, faubourg Poissonnière, puis rue du Petit-Bourbon-Saint-Sulpice, et, tout à la fin, 55, rue Saint-André-des-Arts. Sa carrière, commencée avant 1770, à vingt-trois ans, se termine en 1825, ce qui représentait, au plus juste, cinquante-cinq années de labeur incessant, qui ne lui procurèrent ni la fortune ni la gloire.

Il y a chez M. F. Doistau, un des collectionneurs parisiens les plus avertis sur l'histoire de la miniature, un portrait de femme d'une élégante allure, offrant ce spectacle peu fréquent : une dame en peignoir du matin, à son petit lever. La façon générale avait fait penser à Sicardi, et on lui offrit cette paternité. Mais un graveur anglais, François Bartolozzi, reproduisant assez gauchement cette remarquable pièce, la nommait Marie-Antoinette, « by P. Violet, painter to the King of France ».

La reine de France et son peintre Pierre Violet ! Étrange méprise des attributions *a priori*. Cependant, ce Violet, qui est-ce ? A peine un livre le cite-t-il, et encore moins comme artiste que comme auteur d'un traité sur la miniature. Mais, pour le moment, nous en sommes à l'attribution d'un travail de P. Violet à Sicardi d'Avignon, en reconnaissant qu'on pouvait s'y tromper.

Si donc on les a pu ainsi confondre, c'est que leurs techniques respectives ont des similitudes. Pierre Violet, né en 1749, est, à trois ans près, le contemporain immédiat de Sicardi. Il a de l'instruction, ce qui n'est pas le cas ordinaire de ses concurrents, même de Sicardi. Comme lui aussi a reçu des commandes royales pour les Menus Plaisirs, et qu'il s'est convenablement tiré d'affaire, il s'intitule peintre du Roi. Il touche à la quarantaine lorsque, en 1788, il publie un ouvrage de doctrine sur l'art de la miniature, qui semble une paraphrase littéraire sur la manière de Sicardi. Violet est un courtisan, nous dirions un arriviste. Madame Vigée est au mieux en cour alors ; Violet ne l'ignore pas. Son livre contient, en l'honneur de l'académicienne, un dithyrambe plein d'adresse et de respect attentif. Mais le titre de l'ouvrage se présente comme un programme. « Traité élémentaire sur l'art de peindre en miniature, par le moyen duquel les amateurs, qui ont les premiers principes de dessin, peuvent atteindre à la perfection dans le genre sans le secours d'un maître. » Et au dessous cette adresse : « A Rome. Et se trouve à Paris, chez l'auteur, rue Chaussée-d'Antin, et chez Guillet, libraire de Monsieur, frère du Roi, rue Saint-Jacques, vis-à-vis celle des Mathurins. »

Pierre Violet, qui écrivait si longuement, eut-il le temps de beaucoup peindre ? On croirait que non, tant ses ouvrages son clairsemés. La raison qui l'a fait confondre avec Sicardi a pu, tout aussi bien faire attribuer à d'autres certaines de ses œuvres non signées. Le *Mercure de France* rassure sur la valeur professionnelle de Violet, et cette opinion favorable est confirmée par la Marie-Antoinette signalée tout à l'heure. « Nous ne craignons pas de dire, exprime le rédacteur du *Mercure* que, plus son talent sera connu, plus il sera prisé et recherché. » La phrase a de l'ambiguïté, elle semble regretter l'abstention de l'artiste, mais elle est aussitôt corrigée par le *Journal de Paris*. Parlant du livre de P. Violet, celui-ci proclame qu'on peut y avoir « d'autant plus de confiance, que l'artiste peut appuyer sa thèse par sa pratique et montrer, en même temps, de charmantes miniatures. »

Il perçait à peine quand la Révolution le fit s'enfuir avec Ferrières, Danloux, Hall et d'autres. Il gagna Londres, où il tombait à point pour apercevoir encore Reynolds sur ses boulets, et le graveur Bartolozzi au plus beau de son succès. Bouliard, émailliste, graveur, un tout petit peu peintre aussi, s'était déjà établi là-bas ; c'était un ami, il fut un soutien. Leur camaraderie a pour preuve un portrait de Pierre Violet par Bouliard, daté de 1787, et resté dans la descendance du premier ; il appartient à Madame Iven. Ce n'est pas la merveille, c'est honorable pourtant ; peint dans les dimensions d'une petite pièce de monnaie, on en voit assez pour se donner l'idée de Violet, dont la figure est ronde, joviale, avec des pommettes saillantes d'homme volontaire.

Violet allait rencontrer à Londres un peu de ce que ses

attaches politiques, et la concurrence effrénée des nouveaux, l'ont empêché de se former dans le Paris révolutionnaire, une clientèle de tout repos. Les Anglais se montraient accueillants et enthousiastes de ses portraits sur nature. Un journaliste vantait le dessin et le coloris de ses miniatures : « That is what distinguishes this artist, whose reputation is so well established in France. » Une réputation établie en France ! Si les Français professaient volontiers l'anglomanie, la gallomanie florissait de l'autre côté du détroit. On était en 1790, Violet exposait à la Royal Academy, au milieu de ses confrères anglais, Cosway entre autres. Et précisément, Cosway vient de montrer une comtesse du Barry prise par lui durant un voyage, pochade exquise, aujourd'hui dans la collection Pierpont-Morgan. Chose plus curieuse, Bartolozzi avait justement donné, cette année même, la Marie-Antoinette en peignoir d'après Violet. L'intimité entre ces deux artistes, qui se continuera jusqu'à la mort de Violet, en 1817, est née de cette première relation. Bientôt elle deviendra de l'affection. Violet fait un portrait de Bartolozzi que Bouliard grave en 1797 ; il peint le prince de Galles, car, pour marquer, il faut avoir exécuté un portrait du prince, comme chez nous celui de la Reine. La vogue est à ce prix. Mais ce n'est point non plus chose négligeable que la miniature d'une actrice en renom, telle cette « bella pescatrice » du Panthéon, la Signora Casentini, que P. Violet exposera, dans un de ses rôles, en 1792. Le reste s'est perdu là-bas, et ne nous est pas

connu encore. Quant à ses travaux en France, avant 1790,
à part la Marie-Antoinette de M. Doistau, un Cousin
Jacques (Louis-Abel de Reigny) ou Louis Charton,
manufacturier et membre de la Commune de Paris en
1789, gravé à l'eau-forte par Violet lui-même, on ne sait
guère. Pierre Violet, qui avait séduit les Anglais par la
note un peu malicieuse de ses intentions, par le fini de
son travail, qui brillait, aux yeux de ces loyalistes par
son titre de peintre royal, mourut en 1817, à Londres.
Il avait reconstitué un foyer, élevé sa famille et pris un
bon rang parmi ses confrères. On l'enterra au cimetière
de Saint-Pancras.

Quatre artistes originaux, assez personnels, vécurent
à cette époque et valent qu'on dise leurs mérites. Deux
sont des émailleurs, J.-B. Weyler, de Strasbourg ;
Jacques Thouron, de Genève ; deux, des miniaturistes
« dans la manière de camée », Sauvage et Gault de Saint-
Germain, dont il a déjà été dit un mot.

D'entre eux, Weyler est le premier en date. C'est un
homme de belle formation esthétique, peintre en pastel,
en miniature, mais surtout en émail. Weyler sera de
l'Académie en 1775, et s'en viendra continuer les Petitot
chez nous. Le moins heureux de sa carrière d'artiste sera
d'avoir rêvé on ne saurait dire quel panthéon de nos
gloires nationales, représentées en émaux fantaisistes et
revêches. Ceci ne compte guère, et encore moins la plaisante idée que sa veuve, née Louise Bourdon, remariée
d'ailleurs à un sieur Klüger, avait eue de continuer l'en-

treprise sous l'empire. Weyler, disparu en 1791, laissait inachevé son grand projet patronné par l'État dès 1785. Dix-neuf ans plus tard, alors que le souvenir du défunt était bien lointain, que les goûts avaient pris du renouveau, quand la manière même de Weyler paraissait, à la génération nouvelle, surannée, vieillotte et « perruque », Madame Klüger tentait donc de ressusciter ces choses fossiles et dédaignées. Les commandes de l'Empereur à la manufacture de Sèvres lui avaient laissé croire à l'utilisation immédiate des modèles autrefois cherchés et préparés par son défunt. Sa réclame fut avisée et pratique. Elle la lança dans le livret du Salon, et il ressortait de tout ceci qu'elle seule, Madame Klüger, veuve et élève de Weyler, était en état de poursuivre et de mener à bien l'aventure. « Madame Klüger, disait-elle, en parlant d'elle à la troisième personne, possède la collection d'ébauches de M. Weyler en pastel, et qu'il avait eu l'avantage de prendre en des cabinets d'amateurs. » Ce n'était pas le mieux qu'eût fait Weyler, et, à notre sens, son inspiration fut supérieure lorsqu'il descendit de son Olympe pour très naïvement représenter les personnages de son temps. L'émail de M. d'Angivillers, au Louvre, celui du maître de Troy, au baron de Schlichting, ont fait plus pour sa mémoire que l'effigie risible d'un Du Guesclin emplumé. Mis en regard des meilleurs travaux en émail de Hall, le d'Angivillers note une entrée fort convenable. Les émaux historiques, par contre, sont, avant l'heure, une conception que le roi Louis-Philippe n'eût pas désavouée pour ses Galeries de Versailles.

Jacques Thouron, de Genève, établi à Paris dès le règne de Louis XVI, avait eu des imaginations moins romantiques. En science du procédé, en perfection de dessin, il a la priorité sur Weyler. On sait de lui un émail de dimensions rares, sur lequel est peinte une jolie scène de famille, prise, on croirait, sur un tableau de Madame Vigée. Mais Thouron l'a bien pu composer lui-même, car il n'a point perdu son temps en France, et s'est très complètement assimilé nos façons. Son portrait de femme âgée, assise devant sa table à ouvrage et cousant, est tout entier de sa composition. En douterait-on, si, comme le prétend M. le baron R. de Portalis, cette personne est la bonne Madame d'Étigny, protectrice de Thouron ? En figure de femme à la soixantaine, on ne sait guère que la *Madame de Létine*, gravée par Lalive, son gendre, — et surtout par Cochin, — qui se puisse mettre en rivalité. A ce point d'éclat et de fondu, devant cette « cuisson » d'une réussite aussi heureuse, Thouron semble n'avoir aucun concurrent. Le portrait de Madame d'Étigny est fixé sur le couvercle d'une boîte ronde appartenant à M. Fitz-Henry ; c'est un incomparable joyau auquel nul autre ne se compare, sauf peut-être la Joséphine Beauharnais par Augustin.

Sur Jacques Thouron, une histoire : Il eût été la victime d'une injustice de la part du comte d'Artois, frère du Roi. Il en fût mort de chagrin, en 1789. Rien n'est moins assuré. Nerveux, persécuté en imagination, Jacques Thouron se put croire lésé, bien que, cependant, l'étourderie et, dans certains cas, la mauvaise foi du prince permettent de faire créance à l'artiste. Une chose certaine, c'est que Thouron mourut le 16 mars 1789 et qu'il fit un testament étrange.

Ce ne fut ni très glorieux ni très original, les travaux proprets, astiqués et oiseux de Sauvage et de Gault de Saint-Germain. Cela devançait un peu la passion d'antiquité commencée à la découverte de Pompéi, et poursuivie par les thuriféraires de Louis David. Pasticher des camées en miniature, s'ingénier à des trompe-l'œil troublants, irritants, même si l'on est très fort, ne confère point la gloire immortelle. Et pourquoi ces retours périodiques et malheureux vers un art qui n'est ni pour notre pays ni pour nos climats; qui, après le désolant classique de la Renaissance, nous imposa les Pompiers de 1810? Que Piat-Joseph Sauvage, né à Tournay, Belge et élève de Guérard d'Anvers, ait eu pareille idée, c'est dans le tempérament de là-bas; il faut une inspiration, qu'elle vienne d'ici ou de là, de Hollande ou d'Italie. Sauvage, qui avait vu des bas-reliefs ou des intailles s'amusa à en transcrire les reliefs, produits par les lumières frisantes. Sur des broches, ceci singeait assez joliment les originaux anciens. N'y cherchons pas plus de malice, c'est tout ce que l'artiste souhaitait. Comme il ne manquait ni de talent ni de propreté de main, ce fut bien. Entre Clinchetet d'autrefois, « le Raphaël des Tabatières », artiste libertin et médiocre, lui surtout passionné de sujets héliogabalesques ou spinthriens, et le réservé Piat-Joseph Sauvage, il n'y a de rapports que les sujets choisis dans l'antique ; mais ce que le premier veut de préférence, l'autre le rejette. A Paris, où vécut Sauvage, son genre s'adaptait à la décoration des boîtes, même on lui vit, de temps à autre, risquer des portraits. Mais, pour ceux-là encore, il demeurait lui. En blanc et noir, sans presque de ton, il dessinait d'élégants profils, au col tranché, à la façon des médailles ou des monnaies. De ceci, Piat n'était ni l'inventeur ni le propagateur ; Cochin, Greuze, l'avaient dès longtemps devancé : seulement lui y mettait un fini élégant, fort goûté des amateurs ; il idéalisait, accommodait ses contemporains à la mode d'Athènes, ce dont on lui savait très bon gré. « Ces divers tableaux, écrit un publiciste en 1781, méritent tous les éloges dus aux ouvrages de ce genre, infiniment moins difficiles que tous ceux qui ont pour objet la nature vivante. » En ces temps héroïques, les peintres croyaient à la critique. Piat Sauvage entendit la remarque et se mit au portrait plus humain. Il admit une bonne fois que Périclès fût mort.

J.-V.-J. Gault de Saint-Germain, mentionné déjà, suivait à peu près la même ornière, et peut-être même y était-il engagé depuis plus longtemps que Sauvage, puisque l'Almanach historique annonce, dès 1777, M. Gault en qualité de miniaturiste dans le genre des camées. La Blancherie, qui lui donne asile, ne le voit pas en laid, naturellement. Pour lui, Gault est l'inventeur du genre, — que fait-il de Clinchetet, mort en 1734 ? — et dans ce genre, « personne ne l'a surpassé ».

Tant de mérites, joints à la protection du Bulletin de la Correspondance, n'avaient donné à Gault ni honneurs ni argent. Lorsqu'en 1788 il unit sa misère à celle d'une jeune Polonaise, Mademoiselle Rajeska, venue à Paris pour y étudier la peinture, celle-ci reçut une verte semonce de son gouvernement. C'était le roi de Pologne qui payait le séjour; il s'étonna, par l'entremise de son ministre, de cette union hâtive. Madame Gault se disculpa dans une épître pleine de candeur. Elle a épousé Gault, assure-t-elle, pour avoir un compagnon ; elle a espéré que le mariage lui donnerait des ressources pour vivre, surtout si on trouve des travaux à son mari. Or, ce mari n'est pas aidé. « Et vous savez, écrit-elle, les talents n'ont de valeur qu'autant qu'ils sont protégés. » Gault, qui a trente-cinq ans, qui dédaigne le portrait, qui a fait société avec l'abbé de Lachaux pour l'exploitation du camée peint, est en posture cruelle. Il ne sera donc pour sa femme qu'un protecteur de façade. La jeune Polonaise avait de l'ingénuité, certes, mais elle ne manquait ni de présence d'esprit ni de savoir-faire. Gault ne resta point dans la misère. Les goûts de l'Empire, pour lesquels ses talents trouvèrent à s'employer, lui procurèrent une aisance sortable. Ce que Gault avait tenté dès 1774, à l'exposition de Saint-Luc, sortait à sa pleine floraison entre 1798 et 1815. C'eût été la fortune, si les initiateurs bénéficiaient jamais de leurs trouvailles. Il mourut en 1842, à quatre-vingt-douze ans.

Tous ceux dont il vient d'être parlé avaient l'âge

d'homme à la Révolution, leurs habitudes étaient prises :
le changement de régime les trouva désorientés et las.
Le plus grand nombre persévéra ; certains, comme Gault
ou Sauvage, comme Boze, comme Sicardi même, eurent
bénéfice du bouleversement. Pour les plus âgés, ce fut
l'anéantissement. Au contraire, ceux de la génération
touchant à la trentaine quand la Liberté comptait deux ans
se purent plus facilement plier aux nouvelles parades, et,
moyennant qu'ils subissent un servage d'autre genre, la
commune des Arts leur octroya de vivre et d'avoir même
du talent. Tous ne se conformèrent point, mais la gloire
officielle fut réservée aux conformistes.

III

FRANÇOIS DUMONT ET LA FIN DE L'ANCIEN RÉGIME

Si belle défense que tente l'art de Hall, — et nous avons vu ses partisans assurer la retraite jusque très tard, — il s'en va ; bien peu de temps encore et ce sera la fin.

A cette disposition, tant de causes diverses s'en viennent contribuer : raisons politiques, motifs d'ordre littéraire, envie d'autre chose, ennui très mondain, — humain, si l'on veut, — de s'éterniser dans le même thème, depuis un demi-siècle bientôt. Changer cela, remplacer l'éternelle jupe de soie, la dentelle même, par du très simple, et, au lieu de la joie factice et grimaçante de tous les regards ou des bouches, imaginer des poses plus dignes, plus marquées de « sensibilité », c'est ce que veut le plus grand nombre. Les réformateurs des époques héroïques commencent toujours par se donner une tenue, par adopter une coupe d'habit. Ils partent même de là pour déclarer grotesque l'habit ancien et tenir en mépris ceux qui le conservent. Ayant trop pratiqué Alcibiade, on fait retour à Lycurgue. Mais ce n'est que de toilette tous ces bouleversements. Les théories, les phrases pompeuses, les beaux semblants sont d'étiquette extérieure ; au fond, les hommes restent tout pareils. La substitution d'une classe à une autre ne compte pas ; les affamés désirent les places des repus, non pour demeurer pauvres et Spartiates, mais pour prendre à leur tour la part de gâteau.

Durant la période de transition, la société ancienne se crut à l'abri pour embrasser certains formulaires. En l'honneur de Jean-Jacques, les dirigeants tendirent à la médiocrité de façade. De ce que Marie-Antoinette trayait une génisse à Trianon et portait un linon de fermière, elle estimait donner des gages. Or, ce que souhaitaient les autres, ce n'était nullement qu'elle devînt fille de ferme, mais qu'elle cédât la place ; il y avait une nuance. Comme elle ne comprit pas, ou ne voulut pas entendre, on s'arrangea pour ne pas le lui laisser ignorer.

Ce fut donc en vain que la camarilla des femmes à la mode se jugea répondre au mouvement en arborant le bonnet de paysanne ou la robe plaquée de Cornélie, mère des Gracques. Déjà cette révolution volontaire étonnait un peu les artistes de l'ancienne observance ; mais, dès la prise de la Bastille, il devint hasardeux de continuer les esthétiques condamnées. La cruelle portion de sottise dont chacun dispose s'exprimait en pratiques imposées aux artistes. Des sentiments, autrefois réputés épisodes fâcheux, ou malaises de transition, se présentaient sous la forme obligatoire, qui est la plus notable marque de décadence. L'esprit sectaire, privilège exclu-

sif des médiocres, s'arrogeait de réglementer les plus
naïves histoires. Plus on allait à la liberté dans les mots,
plus on s'en détournait en fait.

De 1785 à 1795, le passage d'un monde à un autre
fut dur aux gens de métier, mais, entre tous, les artistes
eurent leur grande part d'ennui. Ce qui leur avait valu
la gloire, la veille, les eût, le lendemain, conduits au
désastre. Pour les miniaturistes, ce fut brutalement,
d'un jour à l'autre un désarroi, presque la déroute. Les
étourdis gagnèrent des endroits plus cléments, en quoi
ils firent preuve de naïveté. Une révolution politique,
c'est le remplacement d'un tyran par un autre ; moyennant qu'on persévère et qu'on patiente jusqu'au las-
sement final, on se retrouve. Deux ou trois ans, au
hasard, et les pires drôlesses auront pris des manières.

Les peintres nés au milieu du siècle auront éprouvé
l'une et l'autre misère. En premier lieu, l'indolence
polie et navrée des patriciens, les intrigues de cour, le
dédain protecteur de l'aristocratie ; et, sans presque de
transition, la niaise autorité du parvenu non préparé à
la fortune, qui se campe en seigneur, le visage rempli
et les mains gauches. Ce fut la destinée de François
Dumont ; ce fut celle de Jean-Baptiste Augustin. Isabey,
plus jeune, souffrira moins de la saute, au contraire de
Lié Périn, de Mademoiselle Capet ou du brave Leguay,
partis sur une carrière déterminée, dont tout à coup la
vie est bousculée, ruinée même, ou à peu près.

Retenons ce point, c'est que, des grands artistes qui

vont tirer toute leur gloire de la miniature, deux sont
Lorrains, Dumont et Augustin : un autre est d'origine
comtoise, mais d'éducation lorraine, J.-B. Isabey. Deux,
moins qualifiés, Augustin dit Dubourg et Laurent, viendront, l'un de Saint-Dié, l'autre de Baccarat. Ce pourraient être là de pures coïncidences, si l'on n'observait
combien le succès d'un compatriote draine à sa suite de
vocations hésitantes. L'étonnante réussite de François
Dumont, né à Lunéville en 1751, tombé à Paris à moins
de dix-neuf ans, hors d'affaire à vingt-deux et célèbre à
vingt-cinq, donne à rêver à beaucoup de jeunes cer-
veaux. C'avait été là d'ailleurs une histoire de tous points
jolie et auréolée de « sensibilité ».

Le père Toussaint Dumont et sa femme Marguerite
Rebours ont six enfants, dont François est le second fils.
A dix ans, on avait mis François en apprentissage —
une chose ou une autre, tous les métiers sont bons —
chez le père Mathis, maître sculpteur de la ville. Celui-ci
trouve à l'enfant de la disposition, une bonne volonté
à tout le moins ; il conseille, et, sur son avis, on leste le
garçon de quelques écus et on l'expédie à Nancy. Là vit,
dans sa réputation de clocher, le premier peintre du roi
Stanislas, le sieur Girardet. Pour dire le mot du cru,
Girardet est un « Jean-fait-tout » en art ; il va du dessin
à la peinture à fresque, en passant par le pastel, la toile
ou la miniature ; l'architecture et la sculpture même lui
ont livré leurs secrets, c'est un Pic de la Mirandole
graphique, moins la jeunesse, car lui a de l'âge. François

Dumont fit, auprès de Girardet, ses premières armes à onze ans. On lui faisait visiter la clientèle, broyer les couleurs et, de temps à autre, copier des nez ou des oreilles sur les modèles de Demarteau.

Entre 1762 et 1768, le stage. Durant ces six ans le petit marcha bien ; on lui avait vu tenter quelques portraits naïfs, l'avenir s'indiquait très possible. D'ailleurs, son horizon n'était point hors des ambitions d'un garçon consciencieux ; on se fût contenté d'une place de professeur de dessin à Lunéville ! Mais un épouvantable malheur fondit sur la nichée ; coup sur coup, Toussaint Dumont et sa femme moururent. Six petits demeuraient tout seuls, l'aîné avait bien juste ses vingt ans, le second, François, à peine plus de dix-huit, et les quatre restant variaient de seize à sept. Manquant de courage, l'aîné s'engageait, abandonnant la maisonnée à son puîné. Le parti de celui-ci fut très vite pris. La bourse paternelle contenait de maigres économies ; il plaça ses jeunes frères et sœurs près de gens charitables; emportant avec lui une centaine de livres en louis d'or, un baluchon très modeste et une ou deux lettres de Girardet, il prit le coche à destination de Paris.

On l'y retrouve dans le courant de 1769, et tout de suite, grâce à Girardet et à ses amis parisiens, il a trouvé des boutons de nacre ou d'ivoire à décorer. François Dumont n'était point arrivé à Paris avec une vocation irrévocable, comme nous verrons Augustin, à douze ans de lui. De la peinture, du pastel, de l'émail ou de la miniature, même, si l'on veut, des dessins d'architecte, un peu de modelage, il peut tâter de tout pour gagner son pain. Les boutons historiés commençaient une vogue qui s'affirmera pendant plus de vingt ans; de moyens qu'ils sont en 1770, ils prendront, d'une année à l'autre, plus d'importance. On en verra confier à de grands artistes, Hall, Van Blarenberghe, et le prix d'une monture de douze atteindra parfois jusqu'à mille livres. Ce qu'on veut pour décoration, ce sont des vues de ville, des reproductions de tableaux illustres, des chasses, des scènes champêtres ou des batailles. De l'objet précieux au bouton de pacotille, tout se fait ; des garnitures pour petites gens, gravées en couleur par Janinet, se paient cinq ou six livres encadrées, car chacun de ces boutons, outre les figures peintes, a son verre de protection. Ceux que l'on confiait au jeune Dumont comptaient parmi les intermédiaires, entre les Hall et les Janinet. A deux ou trois livres la pièce et en travaillant sans relâche, le garçon payait son galetas, sa pension bourgeoise, ses habits, et, de temps à autre, expédiait un petit secours aux abandonnés de là-bas. Il y avait en lui du Petit Poucet, moins l'ogre ; en effet, chacun a de la compassion pour cette énergie et cette audacieuse volonté de petit homme.

Même avant qu'il eût complètement installé ses affaires, à la fin de 1769, une académicienne, Madame Vallayer Coster, à qui on l'avait recommandé, lui permettait de la portraiturer. Déjà on convenait que l'enfant sortait de l'ordinaire, que son observation des êtres et ses façons

de l'exprimer en dessin marquaient un tempérament.
On s'amusait de cette frimousse duvetée, si déterminée pourtant et si appliquée. François exploitait hardi-
ment la situation ; il se faufilait de l'un à l'autre, partant
du moindre pour atteindre au mieux. Il regrettait peut-
être que son gagne-pain, les boutons d'ivoire, le détour-
nât de la grande peinture ; il s'y donnait tout entier
pourtant, et par ce moyen se spécialisait en miniature.

Tant et si bien qu'à trois ans de là, en 1772, on le voit
chargé de peindre sur ivoire le comte et la comtesse de
Provence, Monsieur et Madame, les premiers princes du
sang. A vingt-deux ans, le voici d'emblée en concurrence
avec Hall, Sicardi, Madame Guiard et les autres.

Rien ne nous est resté de cette première période de
sa vie ; du moins l'absence de signatures et le manque de
personnalisme accusé gênent-ils les recherches. Ajoutons
à cela que les boutons exécutés par lui ont été détruits ou
détournés de leur destination première. Avec notre manie
de transformer tout, les œuvres égarées ont très souvent
été mises en broches, appliquées sur des boîtes, instal-
lées dans de petits cadres d'or. Ce qu'on sait de plus
ancien venant de lui est un portrait de femme daté de
1775, à M. le comte Mimerel, petite miniature banale de
dame à coiffure haute et emplumée, dans le goût de Janinet ou de Dagoty. Peu de raisons encore, si la signature
n'était là, pour nommer Dumont plutôt que Ribou ou que
tout autre. Encore moins pour lui donner la Marie-
Antoinette de la collection Doistau, probablement faite

dans le même temps. Il n'est pas encore à l'âge où l'artiste assure sa manière et s'accuse par des accents caractérisés. Dumont n'est ni un prodige, ni un génie, c'est un appliqué, un de ces garçons dont on dit encore comme on disait déjà, « qui veulent marcher ».

M. Henry de Chennevières a publié sur Dumont une notice excellente ; il paraît s'étonner de le rencontrer, si jeune, en des situations où d'autres n'atteignaient qu'à l'âge mûr. Tout venait de l'habileté très réelle de François Dumont, de ses facultés d'assimilation, et, avouons-le, de la présentation fort digne, mais subtile, de ses charges de famille. Plus simplement encore, son talent naissant se conformait aux idées récentes, à l'attirail des sensibleries, à mi-chemin des papillonneries de Hall ou des sécheresses de certains. Il plaisait par une simplicité toute neuve et une candeur inhabituelle chez ses confrères.

Tenait-il un compte de ses travaux et de ses gains ? Non, qu'on puisse dire ; seulement on a le témoignage d'autres papiers, de notes de journaux ; on juge de ses succès par l'état où il a su mettre les siens. Désormais la gêne a cédé. Son jeune frère, Antoine dit Tony, est appelé par lui à Paris pour y tenter la carrière de peintre, si favorable. Deux de ses sœurs sont établies en un petit négoce, tandis que la dernière entre au couvent.

Lui-même arrange sa vie, se hausse en prestige, accommode à la moderne son appartement et sa chambre-atelier. Il a trop connu la pauvreté pour ne pas se donner au moins l'illusion de la grande aisance, même s'il peut, du luxe. Sa clientèle préfère la maison bien tenue où l'escalier se cire, où les rideaux sont blancs, au grenier des artistes dédaigneux de propreté et de bien-être, les talents égaux, d'ailleurs. Les choses une fois réglées, ses économies placées, sa petite fortune en bonne voie, il ne lui était point désagréable de se présenter aux anciens camarades en une posture assise.

Il y avait Rome, la Mecque de ses congénères, lieu de renaissances variées, d'où les maîtres du moment tiraient leurs inspirations pseudo-antiques et le prétendu renouveau de tous les arts. Jusqu'à cette minute de son orientation, Dumont n'avait fait que prendre, ici ou là, les éléments utiles à ses études, tantôt peignant au pastel, à l'huile, en miniature le plus ordinairement, parce que les talents, une fois étiquetés sous un genre, ne sont guère admis à s'en vouloir sortir. Quelle naïveté n'avait-il pas de se hausser à la peinture où il n'était que fort ordinaire, en abandonnant ce qui l'avait mis à un premier rang ? Le voyage à Rome paraît l'avoir ramené à des idées sages, soit qu'il y eût reçu les bons conseils de Lagrenée, ou se fût mieux rendu compte de sa force.

On ne sait ni la date précise de son départ, ni le temps qu'il passa là-bas. Son séjour y est noté en 1784, par la miniature signée et datée qu'il exécuta à Rome de la femme du directeur de l'Académie, Madame Lagrenée, née Anne-Agathe Isnard. Cette figure de femme à la cinquantaine, simplement assise, si naturelle et si vivante, nous révèle très parfaitement le François Dumont de trente-quatre ans. Vêtue d'un vitchoura à brandebourgs, fort décolletée, coiffée à la Marie-Antoinette, tenant un livre ouvert sur ses genoux, Madame Lagrenée est une fort grande dame, une dame qui a son âge, et qui conserve de sa jeunesse un beau souvenir.

Pour la carrière de Dumont, cette pièce montre l'arrivée décisive, car dans cette famille, pour le directeur de l'Académie de France, il a sûrement donné ce qu'il a de plus complet. Sa phrase personnelle s'y décèle fort arrêtée, telle qu'il la gardera jusqu'à la fin ; le dessin net, les traits serrés, le nez un peu fort, aquilin, ce qui restera chez lui comme un tic, les yeux calmes, rêveurs, déjà un peu romantiques, et les très gracieuses caresses de lumière et d'ombre dans les chairs et les chevelures. Les mains le gênent un peu ; on sent que sa hâte à produire, dans le temps où d'autres apprennent, lui a laissé des hésitations. Il n'obtient d'elles un charme qu'à force de tâtonnements, et volontiers les écarte-t-il s'il en a loisir.

Combien fut-il à Rome ? Il y est très certainement en 1784. En 1786, il a laissé le portrait de son ami, Germain Drouais, fils d'Hubert-François et d'Anne Doré, mort élève à l'École de Rome en 1784. Ce portrait, depuis lithographié, porte la date 1786, mais c'est une erreur probable de la traduction ultérieure. En 1784 aussi, Dumont a dû faire Anne Doré, mère de Germain

Drouais, peut-être venue à Rome au chevet de son fils. Cette dernière œuvre, si parfaitement rapprochée du portrait de Madame Lagrenée, achève de nous renseigner sur ses moyens définitifs. Ce que l'on trouve avant est trop peu: un portrait d'homme de la collection Doistau, daté de 1783, ne nous dit pas que Dumont fût à Rome; puis d'autres miniatures datées de 1785, montrant des personnages, dont l'un au moins est dans un paysage, avec château de style français, nous font présumer le retour à Paris. Disons donc que Dumont fut à Rome quelques mois de l'année 1784. C'est tout ce qu'on ose dire, et ses biographes ne l'indiquent point.

A partir de cette rentrée, l'artiste se renforce dans ses procédés et son esthétique. Si peu révolutionnaire qu'on le sache, il est craint dans le sens qui prévaudra plus tard. On devine qu'il n'a pour Hall et ses pratiques qu'un dédain motivé et comme de l'aversion. Il prend position contre ses prédécesseurs en accentuant certains usages de son pinceau. Dans ses miniatures de 1785, dont l'une, un homme portant un habit à reflets changeants, à M. Doistau; dont l'autre, au baron de Schlichting, représente une femme portant un fichu jaune, il n'emprunte guère à personne; la dame devant son château, à M. Doistau (1786) ; la Saint-Huberty, à M. Durier, du même temps; un M. de Montmorin présumé, dans le cabinet Panhard (1787); une dame appuyée sur un autel de l'Amour, à M. Doistau (1787), protestent que Dumont n'est, sous aucune forme, le descendant de la génération antérieure.

On lui a reproché le sourire, les bouches uniformément relevées aux coins, les nez à la juive, les satins trop tarabiscotés et plissés à la façon d'Albert Dürer : on a grand tort. Ce sont là des marques de fabrique, des moyens très certains d'identification. Ceci et les mains que Dumont dissimule comme dans la miniature de Mademoiselle Saint-Huberty, ou qui disparaissent sous un livre ouvert, derrière une lyre ; les pilastres de fond, aperçus en différents portraits, chez Madame Lagrenée, chez Madame Vaudoyer, sa fille, chez la Saint-Huberty encore ; les attitudes alanguies, poétiques, les Ann Radcliffe avant la lettre, telle la baronne de Saint-Just, belle fille de Godard d'Aucourt, tout un bagage, un matériel bien défini et peu varié d'accessoires, de fleurs, de costumes simples, c'est la signature de François Dumont, tout à l'heure membre de l'Académie, célibataire recherché, assez beau cavalier, artiste à son apogée.

Il a trente-sept ans quand, sur la présentation de Joseph-Siffrein Duplessis, peintre du Roi, Messieurs de l'Académie lui ouvrent leurs portes. Duplessis est de Carpentras ; c'est probablement la raison pour laquelle Sicardi d'Avignon ne vit point s'ouvrir « le sein » illustre. Dumont était agréé, à la production d'un pastel représentant son frère Tony Dumont. Un mois plus tard, certain portrait du peintre Pierre, exécuté en miniature, le classait définitivement. Le nom de Pierre, comme seront plus tard ceux de David ou d'Ingres, était alors l'indispensable sésame.

Dans l'aréopage, il rencontrait Antoine Vestier ; celui-là, homme arrivé et très excellent, avait une fille — nous l'avons dit — miniaturiste elle-même, jolie par surcroît, mais de seize ans plus jeune que François Dumont. Un écart d'âge aussi considérable ne comptait pas alors ; il allait de soi, et l'on en convenait assez volontiers chez les filles à marier, qu'un homme n'était bon mari qu'une fois sa situation assise. Avant trente-cinq ans, peu de gens en étaient là. Dumont offrait mieux que l'avenir ; l'Académie le classait parmi les notables, égal à Vestier au moins, sinon plus. *Plus*, à cause de son âge, de sa réputation, de ce qui s'ouvrait devant lui de chances probables.

La demande faite, Vestier hésita d'autant moins que son futur gendre, outre son talent, avait un passé de père de famille, l'éducation et l'établissement de quatre frères et sœurs. Pour cadeau de noces, le Roi accordait au jeune couple le logis du Louvre ci-devant occupé par Cochin, faveur réservée aux seigneurs de réputation indiscutée. Dumont offrait d'ailleurs à sa jeune future autre chose qu'un appartement mal commode au palais. Il avait acquis à Limoges-Fourches, près de Melun, ce qu'on nommait alors un « faire-valoir », une terre avec sa maison de maître, ses appartenances, où l'on aurait loisir de jouer au gentilhomme fermier, une fois l'été venu. Tant d'avantages inclinèrent Vestier à donner son consentement — il ne pensait guère à discuter, d'ailleurs — et dans le courant de 1789 tout se terminait au mieux du monde.

Au Louvre naquit leur fils Aristide ; ce nom était un gage donné à la passion nouvelle pour les Grecs. L'autre fils recevra le prénom de Bias, plus significatif encore, car depuis la venue d'Aristide, en deux ans, les événements avaient couru vite ; vers la fin de 1792, Louis XVI était au Temple, il devenait urgent d'affirmer son civisme. Bias avait un air de renoncement aux luxes qui semblait comporter un acquiescement au nouvel état des esprits.

Pour Dumont ce n'était là que faux donné à entendre ; il s'estimait devoir trop au ci-devant régime : le renier, à la façon de Boze, lui eût semblé une infamie. Homme magnifique aussi bien, et complaisant vis-à-vis des aristocrates, il avait, jusqu'aux extrêmes limites de la prudence, arboré des vêtements de prince, dont le jeune Isabey s'était fort émerveillé. Celui-ci, venu à Paris en 1785, s'en était allé saluer le compatriote dont le prestige ne fut pas la moindre déterminante de sa propre vocation. Isabey exprima son admiration, lorsqu'il avait aperçu, au fond d'un local spacieux, décoré et riche, François Dumont en robe de chambre bleu et or, portant la perruque poudrée « à l'oiseau royal ». Ce n'est pas que l'entrevue lui eût procuré grand bénéfice ; cependant il avait pris confiance devant cette opulence étalée et triomphante. Par ceci, Dumont eut, sur la destinée ultérieure du petit, une influence considérable et imprévue. Isabey se sentit grandi de décorer à son tour des boutons d'ivoire, si de telles besognes de début procuraient à la fin une « situation aussi parfaitement convenable ».

En 1792, les mouvements populaires avaient tout gâté ; ce n'était pas une note très favorable que Dumont eût peint le Roi, la Reine ou le petit mitron. Plus grave était l'obtention d'un logis au Louvre ; pire d'éviter les charges imposées aux citoyens par de récentes lois, et de laisser ainsi deviner son indifférence, sinon son hostilité. Qui dénonça Dumont ? Un jaloux ? Il en avait à la douzaine, il faudrait choisir dans le nombre. Taxé de contre-révolution, — imputation déjà terrible, — même de conspiration — histoire pire! Sur un rien, une parole échappée, une manifestation de sympathie en l'honneur du Roi, l'oubli d'une cocarde, on l'écroua. Il laissait derrière lui une femme épouvantée et deux tout petits enfants; il n'était pas le seul ! Dans la société rencontrée en prison, une majorité se trouvait le connaître, clientèle jadis hautaine et superbe, pour l'instant désolée et misérable. Au Plessis, à la Force, aux Madelonnettes, bon nombre de peintres, ci-devant royaux, expiaient les heures tranquilles, tels Mouchet de Gray, Boze, Le Dru, et, de ceux-là le nombre grossit vite, certains vendraient leur ami pour sauver leur vie, témoin Joseph Boze, des Martigues.

Au 9 thermidor, Dumont fut élargi, mais il n'avait pas, à l'exemple d'autres qu'on croirait écroués par faveur, tant la geôle leur fut profitable, augmenté de beaucoup son pécule. Certaines miniatures pourtant pourraient

avoir cette origine ; une paraît sûre, celle de ce M. de
Damas, aujourd'hui chez M. Verdé-Delisle ; lequel M. de
Damas alla, d'une pose donnée à Dumont, tout droit à
la guillotine. On croirait aussi le prétendu La Rocheja-
quelein de M. Fitz-Henry, et les deux frères Saint-Paul
de M. Warneck. Un portrait de l'acteur Mandini, conçu
dans la même gamme de coloris et de dessin que ceux-là,
fut d'ailleurs exposé par Dumont au salon de 1793.
Mandini eut besoin d'une réplique, car l'une de ses
effigies est au Louvre, l'autre chez Madame Georges
Duruy. Vers ces instants, Dumont a simplifié et élargi
ses moyens. Il marche à grandes touches hardies et libres.
Il semble plus coloriste, au moins dans le La Rocheja-
quelein, habillé d'étoffes criardes. Les visages qu'il montre
paraissent ceux de membres d'une même famille ; uniformément le nez y a une importance exagérée, les bouches
rient, les yeux expriment la sérénité ou la joie. Étrange
tactique vis-à-vis de gens qui se savent marqués pour le
drame et vivent dans l'angoisse ! A moins que l'espérance
de laisser aux siens une figure chère ne leur donnât le
courage d'une attitude résolue et insouciante. Faute d'inscriptions, qui eussent livré ces reliques aux policiers, ces
objets restent anonymes pour nous. Ils sont tombés dans
le nivellement des marchands de curiosités, et le nom
qu'on leur impose est le plus souvent un mensonge.

En 1794, à peine libéré, Dumont retrouve son ami
l'architecte Vaudoyer ; il fait d'après lui une miniature
qui ne contredit nullement ce que nous venons de dire.

Vaudoyer y porte l'habit des conventionnels, il a un gros nez, une bouche souriante, des cheveux épars. Eût-il égaré son état-civil, qu'on le réputerait un montagnard de la bonne sorte ; on aurait d'ailleurs pareille impression devant les portraits de M. de Damas ou des frères Saint-Pol. Dumont uniformise ses modèles et les date expressément. Le portrait de Vaudoyer est chez son petit-fils, il est signé et porte son millésime ; il a donc la certitude absolue. C'est d'ailleurs par les Lagrenée que Dumont a connu Vaudoyer. Celui-ci a épousé Mademoiselle Julie Lagrenée, que Dumont a aperçue à Rome dans sa belle jeunesse et qu'il peindra également en 1800. Quand il revoit son ami, Dumont a la joie de rejoindre un camarade presque de son âge, — Vaudoyer a cinq ans de moins que lui, étant né en 1756, — un artiste échappé lui aussi aux méchantes histoires.

Le mieux, c'est que la prison n'a point fait perdre à Dumont son appartement au Louvre ; en 1795, quand il enverra au Salon un cadre de miniatures, sans désignation plus expresse, il est toujours aux galeries du Louvre, devenues les galeries du Museum. Il y sera en 1796, en 1798, en 1800 et jusqu'en 1806, qu'on le voit habiter 13, rue Royale, et en 1810, Cour des Fontaines, n° 5. Sous l'Empire, on ne peut pas dire que ce soit la retraite pour lui, puisque tous les Salons ont des œuvres de sa main ; en 1806, le portrait de l'Empereur, le sien propre et celui de Lagrenée, mort l'année d'avant professeur à l'École de Peinture.

A vrai dire, il n'est plus le Dumont de jadis. D'autres

talents son venus mettre leur jeunesse au service de la même cause ; Augustin d'abord, et plus encore ce jeune Isabey, de Nancy, aperçu autrefois si humble, si petit bonhomme, passé tout subitement au premier échelon, laissant Dumont aussi loin en arrière que Dumont y avait laissé Hall. Quand, en 1799 ou 1800 (dans l'an VII), il offrira à Vaudoyer le portrait de sa femme Julie Lagrenée, habillée d'une tunique grecque, coiffée à la grecque, drapée dans un peplum grec, il parodiera Augustin, ses poses et ses toilettes, sans beaucoup de bonheur. Un temps, Dumont avait pesé sur son jeune confrère, aux environs de 1784 ; maintenant Augustin le lui rendait avec usure.

On voyait Dumont accorder à la miniature des intentions de peinture d'histoire, avec une *Atalante* de 1806, et une *Vénus* de 1810. Ses portraits auront dorénavant un compassé, une raideur pénible, qui ira s'accentuant d'une journée à l'autre. On le remarque en 1814, quand les Bourbons, restaurés, payent leur dette de reconnaissance à la fidélité loyaliste du peintre par des commandes officielles. Pour qui sait voir, la Marie-Antoinette faite par lui « de souvenir », en costume Empire, est une pure misère. Puis ce furent le duc et la duchesse d'Angoulême, le Dauphin Louis XVII ; les premiers lourds, engoncés ; le dernier, bâclé de mémoire, nous dirions de chic, à peine sortable.

C'est bien un déclin de carrière, car, après 1814, on a peu de choses à dire sur lui. Les tics se sont exagérés, le dessin s'est alourdi, la couleur est devenue gauche.

On le sent désorienté par des idées inconnues à sa jeunesse, et fort empêché de les tenter. Les Bourbons ayant disparu une seconde fois, cet homme de quatre-vingts ans, contempteur de nouveautés, en reçut un choc brutal. Aucune illusion ne lui demeurait ; il se laissa mourir le 27 août 1831.

De son nom, personne qui le continuât. On avait connu sous l'Empire un garçon dégingandé, travaillant à l'atelier de David et grand ami du jeune Ingres sur ses débuts. C'était Aristide Dumont, le premier-né de François et de Madame Dumont, née Vestier. Sa vocation n'était point irrésistible, cas ordinaire des fils dont les pères ont eu de la peine. Aristide alla prendre du repos dans l'administration des Beaux-Arts ; on l'avait marié à la fille du géologue Dufresne. Aristide Dumont dut à Ingres d'avoir été tiré de l'oubli ; ce dernier le représenta dans un inimitable crayon, en costume d'officier de grenadier de la Garde nationale, debout à côté de Madame Dumont assise. Lui, avec une physionomie stérile de garçon maigre et fadasse ; elle, grosse dame très bourgeoise, très quelconque.

Bias, second fils de François Dumont, né en 1792, fut à dix-neuf ans pharmacien militaire à Strasbourg ; il vivait encore en 1870, et son unique enfant, un garçon, étant mort, il confia le souvenir des Dumont au docteur Gillet, ami de son fils. C'est grâce au docteur Gillet que le Louvre est entré en possession d'œuvres de Dumont choisies parmi les plus décisives ; un médaillon, entre autres, datant de la Restauration, où sont profilés en médailles sa femme, née Vestier, lui-même, sa fille et Aristide. Un portrait de Madame Vestier mère, fille de Révérend, daté de 1784 environ, au temps où Dumont avait peint madame Lagrenée ; il est curieux de constater ici quelle grande part d'influence le jeune compatriote Augustin, dont les prétentions au personnalisme sont extrêmes, aura reçu des œuvres produites par Dumont entre 1781 et 1786, à l'époque de sa venue. Augustin est entré à Paris durant le carême de 1781, et se proclame « élève de la nature et de la méditation », mais cette méditation s'exerça surtout en présence de miniatures signées Dumont ; qu'on oppose au portrait de Madame Vestier, à celui d'une jeune femme portant le n° 220 au musée du Louvre, la miniature d'Augustin représentant Madame de Kerkado, appartenant à M. Stettiner, on ne doutera guère. Inversement, lorsque Dumont donnera son Chérubini, son Arnault même (tous deux au Louvre), sa Madame de Saint-Just, au baron de Schlichting, il pensera à son rival plus jeune, plus admiré, et que les moins partiaux assurent lui être supérieur en tout.

De la Marie-Antoinette, également venue au Louvre, rien à dire, sinon qu'elle est une besogne de pacotille romantique, réduction de la plus grande en pied, où la reine est appuyée sur un autel. Marie-Antoinette en chérusque de l'Empire, en taille sous le bras, drapée dans un schall, à peine ressemblante ! Et la préoccupation de faire concorder les allures et les traits de la mère avec ceux de la fille, la duchesse d'Angoulême ! Figure sortie de la mémoire. qu'on reconstruit, qu'on rafistole à coups de souvenirs et de documents médiocres ou disgracieux, comme une vieille fresque passée !

Laurent-Nicolas-Antoine, dit Tony Dumont, frère de François, son pupille et son élève, avait aussi tenté la miniature ; il en exposa au Salon de 1798. On connaît de lui un portrait assez piteux de jeune fille tenant les médaillons de ses père et mère, donné au Cabinet des Estampes de Paris par M. Faugère comme représentant Madame Roland. Ce ne sont là ni Madame Roland, ni Phlipon, son père, ni sa mère ; la signature *Dumont à Paris* paraît être celle de Tony, car l'imitation, la parodie de Dumont aîné y est évidente, quoique tatillonne et maladroite. Tony était plutôt peintre ; sous le Consulat. on vit des tableaux de lui qui n'eurent aucun succès.

N'ayant personne qui l'aidât, aucun élève pour le pasticher, et battant son plein au moment précis où il eût été périlleux de le prendre pour maître, François Dumont reste un isolé, un sauvage. A part Berjon, de Lyon, Madame Doucet de Suriny, née Glassner, et certain pauvre hère, J.-B. Sambat, artiste politique, qui regarde Dumont à la dérobée pour ne froisser ni ses convictions, ni l'esprit révolutionnaire, peu de spécialistes suivirent Dumont. Encore Berjon n'est-il guère un miniaturiste ; la figure est chez lui un passe-temps ; ses préférences sont pour les fleurs. Il sera graveur, même il se procla-

mera l'inventeur d'un procédé inédit dans le genre. Né
en 1753, Antoine Berjon poursuivra sa carrière jusqu'à
près de quatre-vingt-dix ans, en 1842. A Paris, où il est
venu s'établir, il habite, de 1791 à 1804, dans le passage
des Petits-Pères, et ses envois aux Salons se font en
1791, 1796, 1798, 1799 et 1804, cadres de miniatures
anonymes ou peintures diverses. Si peu qu'il nous en soit
resté, cependant, on a cause de se former de son talent
une opinion, grâce à deux œuvres signées. L'une, une
femme de l'an VIII, est dans le Cabinet Panhard, morceau d'un tour et d'une puissance d'éclat bien rarement
rencontrés dans l'ivoire. Une faunesse, cette gaillarde de
l'an VIII, une fille bien en chair, à la mine émerillonnée
et à la pose infiniment provocante. Bien mieux que les
portraits prétendus authentiques, elle eût répondu à
l'idée qu'on se fait de Théroigne. Elle, et un délicat profil destiné à un bijou, recueilli par le comte Mimerel,
une dame en coiffure à la grecque, fraîche, jeune, très
crânement jetée sur un rien de surface. C'est tout ce
qu'il faut pour faire grandement rechercher Berjon. En
valeur d'art, Dumont n'offre rien de supérieur ; même, à
bien dire, il ignore ce diable au corps ; le malheur est
que Berjon n'est pas ce qu'en argot de peintre on nomme
un « collant ». Il ne suit pas une piste ; il saute d'une à
une autre ; tantôt pastelliste, tantôt graveur et, par hasard,
miniaturiste. Il n'a donc pas donné ce que peuvent des
gens moins doués, fermes en leurs propos. Une fois rentré à Lyon, Berjon est un personnage terré. Dès 1820,

il aura des retours vers l'ivoire ; le musée de la ville possède de lui une miniature exécutée vers ses soixante-cinq ans ; ce n'est ni mieux ni plus mauvais que pour d'autres à cet âge.

Quant à Madame Doucet de Suriny, qui en parle jamais ? Elle n'est point comprise dans le petit bataillon de peintres dont il est convenu de louer les mérites. Elle est belle-sœur de Madame Cyprien Renouard de Bussière, qui eut l'honneur d'une pose de Hall, et que possède aujourd'hui Madame Edmond de Pourtalès, née de Bussière. De son nom de fille, Madame Cyprien de Bussière est Doucet de Suriny ; son père avait épousé une Alsacienne, née à Lyon, Mademoiselle Glassner, laquelle, devenue miniaturiste, s'appellera la « citoyenne Doucet » en 1793, et « la dame Suriny » un peu plus tard. Cette dame fut-elle peintre amateur ? Il ne paraît pas, puisqu'on l'a vue aux Artistes libres de la rue de Cléry en 1791, qu'elle n'émigra point et qu'elle fit assez bon marché de sa particule pour signer J.-D. Suriny aux plus rudes instants de la Terreur. Par les livrets du Salon, on la sait assez en vue, ce qui surprend, en présence de la rareté de ses productions. En 1791, elle montre un cadre de miniatures, de même en 1793. En 1796, elle expose la citoyenne Candeille, artiste du théâtre de la République. Et successivement on la revoit, en 1800 et en 1806, toujours Doucet Suriny. Elle a des résidences variées : d'abord 17, rue Française, ensuite rue Montmartre, puis Boulevard Saint-Martin, 70, et enfin 6, Boulevard Montmartre. Elle tient de Dumont une précision, une liberté que nous ne jugeons que dans une seule œuvre, un portrait d'homme avec chapeau haut de forme, dans la collection Verdé-Delisle et signé *J.-D.Suriny*. Obtenu dans les tons sépia, chauds, très discrets et assez puissants, ce portrait, faute de signature, n'eût point manqué d'être attribué à un maître, Boilly, sans doute, ou Dumont. Cela n'est point un coup d'essai ; tout le démontre.

Jean-Baptiste Sambat, comme Berjon ou la citoyenne Doucet, est de Lyon, on le croit du milieu du siècle, et ses débuts sont d'un factotum au service de Mirabeau. En dessin, il a quelque sentiment, des idées, mais nulle science. On l'imagine très bien artiste occasionnel à la façon d'un Carmontelle, lorsqu'en 1787 il peint en miniature la belle Henriette-Amélie de Nehra, « le bon génie » de Mirabeau, nonchalamment accoudée à une console, avec le buste du patron en arrière. Cette pièce, d'un intérêt historique capital, m'a été révélée par M. Dauphin Meunier. Ce n'est point là un travail d'artiste, mais une bluette gauche et cependant gracieuse, dont Campana se pourrait dire l'inspirateur, Campana et un peu, même beaucoup, François Dumont. Cela avait été fait en Allemagne pendant le séjour de Mirabeau là-bas. Un peu plus tard Sambat, toujours suivant son maître, dont il embrassait la politique, avait passé en Angleterre.

S'il eût eu une valeur quelconque, en art ou en littérature, Sambat n'eût point manqué de prendre un rang honorable ; il ne semble pas l'avoir pu. Sa notoriété était née aux côtés de Mirabeau ; celui-ci une fois disparu il ne restera à Sambat que l'exploitation d'un tout petit talent de miniaturiste et, pour gagne-pain, ce qui avait été autrefois un joujou. Il aura cependant une place marquante ici, grâce à certain carnet de mémoires venu en la possession de M. J.-J. Guiffrey.

Par ce livret d'homme naïf, de gagne-petit de l'art, on s'initie aux luttes journalières d'un contemporain de Dumont, dont Mirabeau a complètement bouleversé la cervelle. D'autant plus désireux de temps nouveaux que les temps anciens ne lui ont pas départi le génie, Sambat est, d'avance, un fervent de la Révolution. Lorsqu'il rentre d'Angleterre, le 14 juillet 1790), il veut assister à la Fédération et s'unir aux patriotes. C'est de ce jour qu'il commence son carnet à la fois autobiographique et commercial. Commercial en ce sens que, par doit et avoir, il tient mention exacte de ses portraits ; il habite rue Taitbout chez un sieur Ledreux ; dans cette maison, où il paiera parfois son terme en miniatures, il débute par Mirabeau, par Fabre d'Églantine, son ami, et par un Jean-Jacques Rousseau dans le genre du camée.

Sambat est marié ; il peint son épouse Sophie en 1791, faute de mieux. Une occasion unique lui est offerte de se produire aux Artistes libres de la rue de Cléry ; il y court. Pourtant le livret ne le nomme pas, on ne le reconnaît qu'à l'adresse rue Taitbout et aux objets envoyés : Fabre d'Églantine et Mirabeau. Ce portrait de Mirabeau n'a point été exécuté sur nature, puisqu'il est mort, mais Sambat ne manque pas de le dire. Il l'a composé « idéalement » ; peut-être est-ce celui resté dans la famille du tribun et que possédait M. Gabriel Marcel. La touche hésitante n'y contredit point ; c'est une opinion toutefois, une hypothèse que rien ne corrobore.

Tout ceci ne met pas la poule au pot. Ni Fabre d'Églantine, ni surtout Mirabeau — et pour cause — ne lui offrent des honoraires. Pour manger, il faut faire violence à son civisme. Un M. d'Orvilliers, « ex-noble, émigré », lui remet 144 livres pour un médaillon. Puis Fabre d'Églantine lui commande un Molière d'imagination ; les Guiffrey lui demandent leurs figures. Au temps de la fuite de Varennes, Sambat s'est découvert des Américains, manne inattendue ! et les Dérieux aîné et cadet dont la bourse s'ouvre très à propos.

Ses amis Lyonnais, des connaissances, des bonnes volontés, par lui requises s'il faut, l'aident à vivoter. En 1792, à force de complaisances, il dépasse les deux mille livres ; en 1793 de même. Il peint avec joie le 21 janvier 1793, jour de la mort du Roi, car le tyran à terre c'est l'ère de liberté qui se lève ; il peint avec douleur, le jour de la mort de Marat, Mademoiselle May, actrice du Vaudeville. Il faut exister avant d'être citoyen ! En janvier 1794, il prend des séances de Coffinhal, juge révolutionnaire, et d'un juré, le citoyen Trinchard. Lorsque Danton monte à l'échafaud, au beau moment de la loi de prairial, Sambat est occupé à la miniature du citoyen

Lacombe. Au nombre de ses clients, beaucoup de futurs aristocrates de l'Empire et de la Restauration, la citoyenne Siméon, pour ne dire qu'elle.

D'explications sur les causes de son emprisonnement, le 6 prairial an III, il n'en donne pas. Il note son entrée à la Conciergerie, puis au Plessis, sans rien de plus. Peut-être ne cause-t-il plus d'avoir trop causé. Dumont ou Sambat, le royaliste et le démocrate, trouvent une pareille fortune en geôle. Enfermé, Sambat se met à dessiner ses compagnons, mais son talent n'est point donné : 600 livres un portrait avec accessoires ; ce prix est payé par le général Thureau qui « a voulu une prison ». 500 livres, un citoyen de Lyon, par grâce spéciale. Il y a des mécomptes, car Sambat est fort candide. Un citoyen Buonarotti, naturellement descendant de Michel-Ange, lui tire un « gratis », au nom du génie immortel ; de même la concierge du Plessis, qui lui marque de la considération. Fidèle à ses principes, non désabusé, il écrit sévèrement : « La contre-révolution a commencé à l'époque de notre captivité, le 2 prairial. » Au 9 thermidor, il était libre ; il rentre chez lui rue Taitbout, lesté de 2.200 livres !

C'eût été l'aisance sans les assignats ; seulement les assignats se répandent de trop. Tout à l'heure Sambat avouera que, sur 9.260 livres papier, il tire moins de 1.200 en numéraire. Quelle désolation ! Par deux fois, en septembre 1795 (vendémiaire an IV), il portraiture de son mieux un banquier belge du nom de Betho ; il reçoit 32.000 livres en papier-monnaie. Vingt-neuf portraits autres lui rapportent 132.000 livres ; tout compte fait, c'est moins de 800 francs d'or qui lui tombent. Les assignats retirés, le numéraire disparaît. Le prix des portraits s'affaisse. Quarante-cinq miniatures, qui eussent produit, en temps moyen, un peu plus de 4500 livres se donnent pour 1.364 ! C'est alors qu'il propose à Ledreux, son propriétaire, un portrait pour son terme. S'il veut absolument mettre quelques sous au logis, il lui faudra prendre au rabais Milliard, ex-conventionnel, des cochers, des brossiers et divers croquants médiocres.

Les événements ont de la précipitation ; la Réaction relève ses têtes. Les nouveaux venus chez Sambat ne sont plus de bons bougres. Ricord de Marseille, le journaliste Méhée, le général Jouy, la femme du changeur Souberbielle, Madame Mayer, juive de Berlin, dont la fortune commence la dynastie des Rothschild, Madame de Béthune-Sully, voilà qui n'est plus le petit monde exigeant et regardant. Les 144 livres du portrait de Madame de Béthune-Sully, « avec mains », serviront à payer les langes d'Agiathis, la fille de Sambat, née en germinal an VI.

Jour par jour, ainsi, les listes de Sambat accompagnent le mouvement social et politique. Suivant les éphémérides, les émigrés rentrés, les soldats de l'armée d'Italie prennent le pas. L'an VI vaudra à l'artiste 2.506 livres net. Parmi les gens représentés, on note Suchet, de Lyon, revenu de la Péninsule, l'épouse de l'amiral Lesseigue, Bertault, fonctionnaire de la police. Durant l'an VII. l'une de ses bonnes années, Sambat empoche près de 3.000 livres, dont 72 pour l'épouse de Moustache, courrier de Buonaparte.

Envers l'Empire, il a des réserves de jacobin tout à fait irréconciliable. Il appelle « assassinat juridique » l'affaire de Topino-Lebrun et de ses complices. Cependant il est au mieux avec Fouché, ministre de la police. Il est non moins bien avec le peintre François Gérard, dont il dessine la femme et qui sera le patron et le protecteur de la petite Agiathis. Une histoire lui cause de l'émoi, c'est « le retour des prêtres ». Il verse des larmes de crocodile sur ceci ou cela, il prend des airs effarouchés, mais on sait ce qu'en vaut l'aune. Fouché est là, Fouché devenu un puissant seigneur, qui tout à l'heure sera duc d'Otrante, et l'un des plus beaux produits de la secte terroriste, casé et doté, maître du monde, puisqu'il le sera presque de l'Empereur. C'est par la femme de Fouché, par ses enfants que Sambat accroche cette amitié. La pauvre Bonne-Jeanne Coignaud est assez candide pour admirer Fouché et assez laide aussi pour rester bonne épouse et bonne mère. Peut-être n'a-t-elle point la même horreur que Sambat du retour des prêtres, car cette dinde grasse qui s'en allait, entre deux chapelets, visiter le terrain où son mari avait fait massacrer les Lyonnais aux Brotteaux, était une bigote, une pratiquante. Lorsqu'en 1800, après avoir refait un œil à la miniature de

Mademoiselle Dervieux, Sambat propose au ministre de la police générale, ci-devant massacreur de Lyon et de Nevers, de le peindre avec le petit Joseph Fouché, son fils — l'adoration de ses bons parents, — et d'y joindre le portrait de Madame, de Bonne-Jeanne, avec son petit enfant sur les genoux, il est accepté d'enthousiasme. Entre Augustin ou Sambat, Bonne-Jeanne est pour Sambat parce que ce sera moins cher. En plus de religieuse, elle est économe et coupe les liards en quatre ; le reste lui importe très peu. Aussi conservera-t-on au barbouilleur sa clientèle, car c'est à beaucoup de fois qu'il revient à Fouché ou aux siens, en 1802, en 1805 (deux portraits) presque autant que pour les Fabre d'Églantine. Mais la haine contre Bonaparte persiste — Fouché ne fait rien à l'encontre — et Sambat pleure sur le compte de Moreau et du duc d'Enghien. Il inscrit avec ironie : « Couronnement de Buonaparte par le peuple » et aussitôt, pour correctif, il se met à la miniature de Fouché, en deux copies.

Il poursuivra pendant vingt-six ans encore, transportant jusque sous la Restauration sa manière de calendrier. Il dira 2 prairial an XXI, 6 vendémiaire an XXX. Au fond, ce vieux cordelier est l'ami d'un très vilain clan de gens de police, tel ce Tobiesen-Duby dont il met la petite-fille en portrait, de Saint-Huruge, de Fouché surtout. « Bonaparte se fait empereur ! » s'écrie-t-il en 1804. En 1805, c'est l' « époque où Bonaparte se fait roi d'Italie ! » Est-il si irréductible, ou voit-il dans Lucien un adversaire de son frère qu'il en fait une copie d'après un tableau ? Sa clientèle s'élève, il connaît sous Bonaparte · des modèles de la haute classe : Madame Monnet, femme du général ; Fouché toujours, Pelini, aide de camp corse de l'Empereur ; Mademoiselle Marescalchi, fille du ministre, « M. Gasson, neveu d'*Emira* Bonaparte ». 1805 est la meilleure campagne : cinquante portraits pour 4.150 livres, le double de jadis. Ensuite il décline, soit état de sa santé, soit mauvaise réputation ou mise à l'index, il tombe de 4.000 à 2.000, puis à 8 ou 900 francs l'an. En 1814, lors de l'entrée des Alliés, il va se loger au Palais-Royal, mais quelle misère ! 14 livres en avril et 50 en juillet. Ses clients : des gardes du corps, des cochers. Il restaure la miniature de Fabre d'Églantine, celle d'un garde royal. En tout, pour douze mois pleins, un peu moins de 1.000 francs. Heureusement, la jeune Agiathis, âgée de dix-sept ans, travaille et compense les manques. Elle est entrée à l'atelier de Gérard où, moyennant quelques cents francs, elle réplique les grands tableaux du maître. Et tandis que, vieillard aigri, perclus, Sambat ne tarit pas en imprécations contre le monde, contre les philistins qui ne le veulent comprendre, Agiathis se prodigue, passe ses nuits et le console. Celle-là est une femme sacrifiée, une martyre. A vingt ans, elle paie le loyer, la bonne, le boucher, et quand Jean-Baptiste Sambat, Monsieur Cardinal de la peinture, mourra en 1827, il en coûtera 500 francs à Agiathis pour les funérailles et le deuil : en tout héritage, elle aura la charge de sa mère.

Longtemps après, déjà vieille fille, restée seule, elle se mettra en ménage avec le fils de Fabre d'Églantine, et fera une fin moins calamiteuse que sa vie.

Des milliers de figures jetées par Sambat à tous vents, deux pièces nous sont parvenues : l'une est Madame de Nehra en 1787 ; l'autre, à trente ans de là, un portrait de Madame Pécoul, de la Martinique, et de sa petite négresse Henriette, au milieu d'un paysage de fantaisie. Sur le vu d'une mention du carnet de Sambat, M. Auguste Pécoul a bien voulu nous montrer la miniature non signée, encore conservée dans sa famille. Depuis 1787, Sambat n'a pas gagné. Ce travail de peintre en carrosses se réclame de Dumont, à la façon dont certain barbouilleur d'enseignes se dirait élève de David. Sambat, qui aimait à se proclamer « sans bas et sans culotte » avec une sottise touchante, n'avait dû qu'à la fuite de ses confrères et à la modestie de ses prétentions l'accueil fait à son art. Il continuait ces praticiens de pacotille, installés au Palais-Royal, dont on parlait dans un précédent chapitre. Il avait des prix fixes, un barème de pâtissier : 144 livres la pièce avec fonds et accessoires ; 100 livres le portrait ordinaire, 72 le plus vite bâclé. Rarement il osa plus ; une ou deux fois, dans la prison du Plessis, en exploitant la piété familiale de ses codétenus ; une autre fois, pour une fille légère, la citoyenne Herbstein, qui souhaita être représentée nue, et qu'il dut peindre avec tous ses « accessoires » (1794).

En 1800, il se vantait d'avoir découvert « une mixion

(*sic*) de la gomme mellée avec de la colle qui rend stable la peinture ». Il peignit dans ce procédé la citoyenne Dervieux, Fouché et sa famille, et Madame Réal. Inconscience splendide de bousingot, convaincu par devers soi d'avoir été quelqu'un, si fier de sa trouvaille qu'il en oublie son dessin, et si touché de politique qu'il se fait entretenir par une enfant de seize ans ! Au demeurant, étrange et piteuse silhouette de raté ; cervelle appauvrie que le génie de Mirabeau avait mise à l'envers ; eunuque dont l'inconscience désarme !

Tout compte fait, on eût passé sous silence un aussi maigre prestige sans les incidents de sa carrière qui aident à débrouiller d'autres histoires. Les assignats qui le font se lamenter ont été pour les artistes une passade sévère. Louis Lié Périn, homme doué, nature sympathique et noble, paya sa dette plus rudement que Sambat. Le père de Lié Périn était manufacturier à Reims ; il n'eût admis les arts que s'ils se fussent appliqués exclusivement à la décoration des étoffes. Donc, à la première heure, avant que rien transpirât de sa vocation de « fainéant », Périn entrevoyait les oppositions et les luttes. Il n'avait point attendu l'âge canonique pour se manifester. Né en 1753, il s'était, dès sa douzième année, posé à Reims en portraitiste. Ce qui n'était alors qu'un déduit de gamin prit, après l'adolescence, une galopade. D'où les remontrances d'abord très brutales, puis de moins en moins assurées, et finalement jetées pour la forme, pour « l'avoir dit » dans les discussions. Lié Périn ne parlait alors que de tableaux d'histoire ; c'est le propre des novices de s'attaquer à la pièce de résistance. Après cinq ou six ans passés en des ateliers provinciaux, sans nul profit de conséquence, Lié parla de Paris, ce qui souleva un nouvel ouragan. A peu de chose près, il avait dû s'enfuir pour rejoindre le coche, et cependant il n'était plus un enfant. On était en 1778, ce qui lui comptait un bon quart de siècle. L'époque était assez heureuse ; par des paroles de camarades revenus de la capitale, il savait que les artistes de tout poil trouvaient facilement à s'employer. La Cour avait mis à très haut point la passion des fanfreluches, et le père Périn disait assez que la peinture n'était que cela, que les manieurs de pinceau étaient des bambocheurs, pour inspirer à son fils l'envie irrésistible. Celui-ci répondait à ces objections que Hall ou Roslin n'étaient point des coureurs de guinguettes, Roslin surtout dont il se proposait de solliciter les bons conseils dès son arrivée. Quant à la question d'argent, l'exemple de deux jeunes, Dumont, de Lunéville, et Sicardi, d'Avignon, pour ne dire qu'eux, prouvait assez combien, avec un peu de conduite et de travail, il est facile de se débrouiller. A son départ de Reims, toutefois, Lié Périn ne songeait point spécialement à un genre de préférence. C'est auprès de Roslin, dans les conversations amicales, que la miniature lui fut indiquée comme le moyen le plus pratique de se mettre à l'abri de la faim. Il n'y avait pas à espérer que le vieux Périn songeât à se montrer généreux, pas à penser

que la peinture d'histoire ou les portraits grandeur
nature pussent venir très vite à ce provincial frais
émoulu, mal au fait des caprices mondains. Lié Périn
comprit et se mit de très bonne foi à l'ivoire. Peut-être
Roslin lui avait-il trop célébré les mérites de Hall; il
est certain que l'apprenti regarda beaucoup ce modèle
illustre, qu'il s'ingénia dès la première heure à deviner
les causes de son succès insolent, et qu'il finit par le
parodier de son mieux. Sans doute eût-il aimé vivre
auprès du maître, seulement, on le sait, Hall ne recevait
pas d'élèves. Ç'avait été alors l'obligation d'aller au premier patron venu pour se dégourdir; ce fut chez le
peintre Lemonnier. Là, rien qui l'entraînât dans l'étude
de la miniature, qu'il avait choisie et à peu près adoptée
définitivement; alors il songea à Sicardi. Et pour lui,
déjà très accaparé par les façons un peu cabriolantes et
indécises de Hall, le posé, le calme, le subtil de Sicardi
était l'heureux contraste. Périn n'avait pas remarqué
sans étonnement que, de ces deux hommes également
doués, le vrai méridional était le Suédois, et qu'inversement Sicardi, par ses tendances, rappelait les gens du
Nord. En les pratiquant l'un et l'autre, en dosant les
emprunts qu'il leur fit très méthodiquement, le Champe-
nois malin, « nageant près de l'air, volant près de
l'onde », comme le poisson de Florian, se façonnait une
manœuvre à lui, précise comme Sicardi dans les visages,
ébouriffée et tumultueuse comme Hall dans les coli-
fichets. Formule idéale, fournissant des ensembles

nacrés et doux, où les accessoires se faisaient moussus et pimpants. Rien ne plut davantage aux désœuvrés, que les partis pris de Hall ou les sécheresses de Sicardi n'enchantaient déjà plus. Dès 1785, Lié Périn exécute dans ce jeu inédit un extraordinaire portrait de la duchesse de la Rochefoucauld, aujourd'hui au Louvre, œuvre quelque peu anglaise d'aspect, où, depuis le visage mince et diaphane, à l'énorme capote Gainsborough et les fichus nuageux, tout proclame encore l'orientation mal assurée. Eût-on trouvé le portrait sans signature ou sans origine, on l'eût dit la copie de Reynolds par quelque Downmann. Cependant le visage y apparaît fort étudié, fort *Sicardisé*, si l'on peut dire. Ce n'est pas du Périn décisif, c'est une jolie espérance. Pour se produire, il lui faudra attendre, — car il n'est point de l'Académie et n'en sera jamais, — patienter jusqu'en 1791, quand les portes du Salon s'ouvriront libéralement à tout le monde. C'est Madame Périn « peinte par son époux » qui a l'étrenne de ce premier effort.

Ame tendre, Lié Périn s'est tout naturellement marié. Au moment de la Terreur, il habite la « rue Honoré, maison Daligre », nous dirions l'Hôtel d'Aligre, rue Saint-Honoré. Comme il a mieux à faire, grands dieux ! que de politiquer, il ignore les nuances d'opinions transitoires qui divisent les hommes. Le fermier général Dufresny lui avait demandé la copie d'un Greuze, *la Prière du Matin*, qu'il souhaitait posséder en miniature. On était assez près des heures *acerbes*, mais Lié Périn travaillait toujours. L'œuvre était à peine terminée que Dufresny montait à l'échafaud, laissant à l'artiste la miniature impayée. Périn ne chercha point à démêler si la justice avait été juste ; un ami était mort, il en avait une grosse peine. *La Prière du Matin* fut gardée par lui comme un souvenir et un fétiche dont il ne se sépara jamais. Ce fut encore une piété envers sa mémoire que d'offrir au Louvre ce pauvre objet, lequel n'eût point manqué d'attirer à Périn une mauvaise querelle au cas où l'aventure eût été ébruitée. Mais il parlait si peu et tenait un rang si modeste !

Que de prétextes n'eût-il pas fourni contre lui, si quelque Levaker, comme pour Joseph Boze, eût prétendu éplucher son civisme ! Périn était de la classe des sages que leur philosophie tient à égale distance des camps adverses. C'était l'application morale de ses théories en miniature, et la paraphrase du latin : la vertu se tient au milieu. Tout ce que nous savons de son œuvre, de ses fréquentations, des modèles qui lui viennent, ne laisse entrevoir ni un Dumont, ni un Notté, ni un Sambat. S'il a fréquenté chez Roslin, dont la sœur, Madame Tenière, lui léguera son portrait — fait par lui et aujourd'hui passé à M. Doistau, — s'il a peint Mademoiselle Ferey, sœur d'un capitaine, la duchesse d'Orléans. Madame de la Rochefoucauld, le chancelier Maupeou ou le chirurgien Pinson, tous gens de la société, on lui a connu des accointances moins aristocratiques dans le temps où les ci-devant n'avaient plus la faveur. Lié Périn

conservait son esprit libre et compatissant, ce qui
ne dément point la mélancolie souriante de son visage
aimable et très fin. Il ne comprit pas plus qu'on guil-
lotinât Madame Roland ou Desmoulins que Dufresny ou
Louis XVI. Mais, par-dessus tout, il fut un sentimental,
un amoureux de la femme qu'il idéalisait, qu'il traitait en
adorateur. On le voit bien lorsqu'il consacre de très sédui-
santes études à cette femme charmante, Madame Lescot,
mère de Madame Haudebourg-Lescot, brune, déjà un
peu marquée, mais exquise sous son bonnet de bruin
blanc; à Mademoiselle Ferey, sœur de ce Ferey qui
sera d'abord capitaine de grenadiers, pensionnaire de
Louis XVI, qui deviendra, comme tant d'autres, général
de division, baron de l'Empire, et disparaîtra en gloire à
la bataille des Arapiles; ces deux portraits aujourd'hui à
M. J. de Richter, parent des Ferey. Et chez Madame
Achille Fould, on trouve le buste joli et mignard de
femme en « cabriolet » (chapeau enrubanné, dont les
passes pointent vers le ciel), et qu'on nomme Madame de
Longpré, presque identique à une belle fille anonyme,
éblouissante de chair jeune, que la succession de Périn a
remise au musée du Louvre. Si l'on veut, diverses autres
frimousses agaçantes, minaudières, dont l'une au comte
Mimerel, dont les autres appartiennent aux collections
Panhard ou Doistau, se viennent joindre à l'essaim des
beautés décrites par lui en si peu d'années. Les Périn
sont rares, certes, mais une carrière commencée en
1785 et brutalement arrêtée en 1799, ce n'est que

quinze ans à peine; encore ne faut-il point faire état des mortes saisons — c'est le cas de dire — qui vont de 1793 à 1795, et du peu d'enthousiasme pour des travaux rappelant Hall, entre 1795 et 1799. Un genre mi-parti comme était celui de Périn, et qui apportait en pleine orgie gréco-romaine des revenez-y de poudre à la maréchale, de coiffures à la Reine ou de mouches n'était plus de jeu. Périn gagnait peu, et les assignats, fatals à Sambat, achevèrent de le ruiner. Des oppositions de son père lui revinrent pendant une maladie, éprouvée en 1799. Son parti fut vite pris. Malgré que, déjà, les affaires publiques changeassent de tournure, il ne se sentit point l'étoffe physique ni le courage de transformer sa manière dans le sens de David. A quarante-six ans, l'effort coûte. Emmenant avec lui sa famille, il reprit la route de Reims, et des quelques sous qui lui restaient, il monta une fabrique de laine. Sa soumission à la destinée l'empêcha de se plaindre; son père avait donc eu raison, qui s'était si formellement opposé à son caprice; alors il surveilla ses ateliers, et si le hasard lui donnait une heure, il courait à ses pinceaux.

Toutefois il n'exposa plus jamais; il se rendait compte que, d'être éloigné de la grande ville, son talent ne gagnait plus. On le voyait accourir à l'ouverture des Salons, prendre langue, s'intéresser aux camarades et laisser échapper un regret furtif. Celui-là fut une nature, un bel artiste, et, si nous prenions le langage de son temps, nous dirions qu'il fut le Cincinnatus de la miniature. En 1817, il était mort.

Esthétiquement parlant, la carrière de Jacques-Antoine-Marie Lemoine se présenta pareille. Lemoine est né à Rouen en 1752 ; dès son apprentissage à l'atelier de Maurice-Quentin de La Tour, il touche à tout : à la peinture, au pastel, à l'émail, même à la porcelaine et à la gouache sur ivoire. Mais, Lemoine le sait trop, l'enseignement de ces artistes illustres, dont les minutes ont leur emploi, ne vaut guère. Désespérant de pouvoir atteindre, même de loin, à la maîtrise déroutante du patron, abandonné à lui-même, Lemoine s'était pris à regarder, puis à admirer les gouaches de Baudouin, les ivoires de Hall ou les peintures de Madame Vigée. Il n'a pas vingt-quatre ans, en 1776, qu'il tient atelier de professeur de dessin et qu'il cherche sa vie. Ici, une difficulté se présente. Ce nom qu'il porte est également celui d'une femme qui ne lui est rien, ni parente, ni alliée, ni même connaissance. Les seuls points de contact sont : d'abord le nom, Marie-Victoire Lemoine ; la signature, *Lemoine* tous court, comme lui-même ; la marche parallèle en art, puisqu'elle exécute des tableaux, des pastels, de la miniature et de la porcelaine. La différence d'âge — deux ans — est en faveur de Madame Lemoine ; elle est élève de Ménageot et exposera à son tour. Ce sont là beaucoup de causes de confusion et de méprises pour nous. Les contemporains ne s'y trompaient guère, mais nous, qui avons perdu le fil conducteur ! Très certainement, le portrait de Lemoine par lui-même, appartenant à M. Gaston Le Breton, de Rouen, ne laisse aucun doute. La figure en est habile, signée et datée de 1793, et, comme le modelé, l'esprit général, la touche libérale et nette, tout est d'un peintre, même, si l'on veut, d'un pastelliste habitué aux largesses de main. Jacques-Antoine Lemoine en peut être dit l'auteur avec toute certitude. Une autre miniature d'homme en gilet jaune, à M. Alphonse Kann, porte en soi des présomptions sérieuses en faveur du même. Voilà pour l'indiscutable. Pour le douteux, ce serait la grande miniature carrée, datée de 1787, signée *Lemoine*, et, dans l'instant, à M. Doistau. C'est une dame, assise à une fenêtre ornée d'un « jalousie », avec ses deux enfants, fils et fille ; elle, âgée d'environ trente-cinq ans, le fils de dix ou douze, et la fille de quinze. On conviendra facilement que la technique de cette œuvre exceptionnelle s'accorde de tous points au portrait de Lemoine à M. Le Breton. Les touches plaquées en teintes plates, les ombres dures et crues, vont de pair dans les deux cas. Bien ceci, et toute hésitation cesserait si Madame Victoire Lemoine n'était peintre et pastelliste ; mais nous avons dit qu'elle l'est. Elle expose des tableaux aux Salons de 1796 et de 1798, conjointement avec des miniatures : l'objection grave contre elle, c'est qu'elle n'apparut aux expositions qu'en 1796 ; la constatation favorable, c'est qu'elle montrera, dans un des derniers Salons du siècle, un portrait de dame à sa fenêtre. Cette fantaisie n'est point si commune qu'on ne la remarque. Le rapprochement a sa valeur. Faut-il penser — et cela s'est vu d'autre part — que

Madame Lemoine cherche à créer un imbroglio entre Lemoine, homme célèbre, et elle, très inconnue ? Tout, d'ailleurs, est motif à confusion, dans cette très belle pièce. On a donné la dame représentée comme Marie-Antoinette avec ses deux enfants, le Dauphin et Madame Royale. La méprise est manifeste ; d'abord aucun des trois personnages ne ressemble aux effigies officielles reconnues. Puis, en 1787, le Dauphin est un bébé et non un garçonnet, et la Reine n'a jamais connu ce masque rond de bourgeoise cossue. La signature hermaphrodite des deux Lemoine est impuissante à trancher le débat. On inclinerait vers l'homme, non sans d'expresses réserves.

Jacques Lemoine est mort, en 1814, en bon renom d'artiste célèbre et arrivé. On lui devait la peinture du plafond du Théâtre des Arts, à Rouen, disparue dans un incendie. Plusieurs de ses gouaches eurent les honneurs de la gravure en couleur, et, pour le temps, ceci est une note de réputation. Sa St-Huberty, gravée par Janinet, est devenue une estampe rare. Madame Lemoine aura l'avantage d'être restée à Paris lorsqu'il est retourné à Rouen. En 1796, elle habite rue de la Loi, et en 1798, rue des Moulins ; après cette date, elle fait peu parler d'elle, alors que son homonyme persévère et expédie de Rouen des dessins aux Salons de peinture. Née deux ans avant Jacques Lemoine, en 1754, elle meurt en 1820, quatre ans avant lui, sans avoir pu forcer la renommée.

Le séduisant Hall a trop complètement troublé les

coquettes de son temps pour n'avoir pas, à sa suite, toutes les femmes artistes. Peu d'entre celles-ci lui résistent, au moins dans leur jeunesse. Elles vont, d'instinct, aux rubans et aux chiffons, comme aussi, de préférence, à la miniature, petit art décent, propret, dans lequel tout de même on peut montrer un grand talent si on l'a, et si l'on en manque, s'en tirer par le charme et l'esprit. Madame Lemoine ne saurait être invoquée ici ; elle a une identité trop vague. Mais on a Aglaé de Joly, dame Cadet de Gassicourt ; Mademoiselle Landrangin, devenue Madame Marie-Adélaïde Durieux ; Mademoiselle Nanine Vallain, mariée à M. Piètre ; la citoyenne Huin, même Mademoiselle Chalette, trois fois mariée : à M. Lorcet, à M. Perrin, enfin à M. Dumas. Et ce ne sont point là les plus célèbres ; trois élèves de Madame Labille-Guiard au moins tiendront une place à part : Mademoiselle Frémy, Madame Jeanne Dabos, Mademoiselle Marie-Gabrielle Capet, la plus en vue de toutes avec Mademoiselle de Noireterre, son aînée de quelques années.

En résumant à grands traits leur carrière, on dira que Madame Aglaé de Joly, qui mourra en 1801, a épousé le chirurgien Cadet de Gassicourt, dont une légende fait un bâtard du roi Louis XV. Elle est élève de Weyler pour l'émail, et devient peintre de la Reine en 1787. On sait d'elle un émail représentant Necker, et deux boîtes, autrefois au duc d'Aumont, ornées des portraits de Racine et de Lekain. Elle expose en 1791, une seule fois; après la Révolution, on n'en parle plus nulle part.

Marie-Adélaïde Landrangin, mariée à M. Durieux, ne se réclame d'aucun maître. On la voit paraître aux Artistes libres de la rue de Cléry, en 1791, avec des cadres de miniatures; et, successivement, aux Salons de 1793, 1795, 1798. Ce n'est point une gloire. Pas une gloire non plus, Mademoiselle Gousseau ou Gousseu, qui fabrique des Hall de pacotille et qui envoie, elle aussi, aux Artistes libres, « un cadre de vingt-quatre pouces de long sur vingt de haut, renfermant plusieurs portraits en miniature ». Quant à Madame Piètre, née Nanine Vallain, élève de David et de Suvée, c'est une laborieuse qui, dès 1787, a exposé à la Jeunesse, qui paraîtra à tous les Salons jusqu'en 1810, sans laisser rien qui la classe. De même pour la citoyenne Huin, également élève de David, demeurant 51, rue Mêlée, et dont l'apparition aux Salons de 1796, 1798, 1799, 1801, reste inaperçue. Mademoiselle Chalette, qui changea trois fois de nom par des alliances successives, est née vers 1757; elle peint encore, en 1807, de curieux portraits de femme, dans la façon serrée et décisive de Dominique Ingres ou de Fontallard. Ce n'est ni médiocre, ni non plus de première grandeur.

Ce qui sera hors pair, c'est la petite escouade des élèves de Madame Labille-Guiard. Cette demoiselle Frémy, qui paraît au Salon de la Correspondance de La Blancherie à un âge où les autres apprennent, et dont les portraits déchaînent l'enthousiasme du Bulletin; puis Jeanne

Dabos, née Bernard, une des plus jeunes, — elle est de 1763 et mourra en 1842, — qui travaille dès 1783, et épousera Laurent Dabos, élève de Vincent et peintre de l'archichancelier Cambacérès. Mademoiselle Bernard expose en 1791, mais elle ne fit de miniatures que pour nous montrer son amour des falbalas et des fleurs. Plus tard, une fois mariée, elle recevra de la reine d'Étrurie une grande médaille d'or.

Restent Mesdemoiselles de Noireterre et Capet. Par l'âge, c'est Mademoiselle de Noireterre qui prime ; par le talent, c'est à égalité. C'est la personne la plus laide et la plus disgraciée qui soit, mais elle eut l'esprit de ne s'en point cacher ; car, si nous le savons, c'est grâce à une miniature exécutée par elle avec une science de détails et un luxe de vérité dont peu de femmes sont capables. De son mérite ou de son esprit, qui l'emporte ? Les *Tablettes de la Renommée* tenaient pour l'esprit, car c'est être mieux qu'un peintre, d'amener sur un visage les tares ou les qualités morales d'un modèle. Chez Mademoiselle de Noireterre, on voit aussi bien le dedans que le dehors ; pas un de ses patients n'y échappe ; elle a, du bossu, la malicieuse et ironique recherche des défauts dans autrui. Seulement, elle est femme, foncièrement, irrésistiblement de son sexe, et il ne lui déplaît point de décorer ces êtres disgraciés au physique et au moral, qui sont ses clients, d'étoffes jolies, de flots de satin, et généralement de parures d'idoles. On la remarque, on l'estime même, puisque des graveurs traduisent certains de ses portraits, et que ses victimes, parées comme des châsses, ne devinent point l'ironie de son jeu malin. Seulement, elle produit peu. On a vu autrefois, rue de Sèze, deux cadres provenant d'elle et qu'on disait appartenir à Mademoiselle Jumel. C'était matière à réflexions philosophiques. Il est sûr qu'une femme vilaine ne voit pas les autres en beau.

A la fin, Marie-Gabrielle Capet s'annonce ; jusque sous Napoléon, après avoir traversé les pires instants, elle arbore ses regrets éternels à la barbe de David et des classiques incoercibles. Non qu'elle veuille manifester une opinion ou protester ; elle s'est tout bonnement identifiée avec Madame Guiard, sa patronne et sa bienfaitrice, et s'est si radicalement assimilé les principes de l'ancien temps qu'on la croirait, à ses débuts, la contemporaine de Vestier ou de Madame Vigée. A beaucoup près, ce n'est point le cas. Elle naît à Lyon, en 1761 ; elle est fille d'un homme de service dont la condition est précaire. Comment vint-elle à Paris, et pourquoi y vint-elle ? On dit qu'une marraine, portière dans une prison, la reçut à son arrivée, et, par des relations, la confia à Madame Labille-Guiard. On ne saurait rien affirmer de précis. On sait une chose, c'est qu'en 1781, les soins de Madame Guiard lui ont donné une force suffisante pour qu'elle se risque à exposer à la Jeunesse, sur la place Dauphine. Déjà elle a quitté sa marraine et elle loge rue Richelieu, au coin de la rue des Boucheries, dans l'appartement de Madame Guiard, en compagnie d'une préférée, Mademoiselle Rosemont, qui, plus tard, épousera le graveur Bervic. Ce qu'elle fait, on le devine : sous le prétexte d'une affection particulière et de leçons bénévoles, elle a les gros ouvrages de l'atelier, le soin des couleurs et des palettes, elle balaie, elle range. Moyennant cela, on lui abandonne de menus travaux, la copie de certains portraits, la préparation des *dessous*. Dix années se passent à de tels apprentissages, et, si l'on trouve d'elle une miniature venue de cette époque, comme serait celle du cabinet Panhard, — qu'on veut être son propre portrait, — rien n'est plus ordinaire.

Une représentation plus assurée de sa figure est dans le tableau, dont il a été parlé déjà, où Madame Labille-Guiard s'est montrée dans son beau, devant deux jeunes filles, qui sont Mesdemoiselles Capet et Rosemont. Madame Guiard, née Labille, n'a jamais été jolie ; elle a le chanfrein busqué, des traits hommasses ; elle est dondon. A son âge, et avec la réputation qu'elle s'est acquise, elle se doit à elle-même de se réserver la place d'honneur ; elle n'y a point manqué. En arrière d'elle, en repoussoir, avec leur tenue très simple, les deux jeunes filles laissent à la toilette tapageuse de leur maîtresse, à son chapeau emplumé, aux dentelles, à sa pose olympienne, toute la valeur souhaitée. Mademoiselle Capet ne brille pas ; elle est de physionomie banale et renfrognée. Disons le vrai, cette toile frise le ridicule. C'est une enseigne de professeur. Par contre, que fera l'excellente Gabrielle Capet, lorsqu'elle s'avisera de portraiturer la patronne? Hall voulant la peindre en fille jolie, jeune, évaporée et mise comme une princesse, n'aurait su mentir plus effrontément. Elle bâtit de Madame Guiard une effigie diaphane, aérienne, où les casoars, les « esprits », les soies bleues et les mousselines font un nuage. Au beau milieu de tout cet attirail pimpant, une frimousse busquée, élégante, — qu'on n'avait point baptisée encore, mais qui est, à n'en pas douter, le rajeunissement idéal de la « chère bonne amie », — provoque l'admiration de son œil en coin. L'œuvre est aujourd'hui conservée chez Madame Guérard : en l'absence de signature, on la dirait de Lié Périn. Mademoiselle Capet a craint qu'on s'y trompât ; elle a signé *G. Capet*, afin que nul n'en ignore.

Pour une artiste qui vit dans le commerce des ci-devant, qui se réclame moralement de l'ancien état de choses, quel nom que celui-là ! En 1793, au moment où le mobilier royal, confisqué dans les résidences de la cour, s'ornait d'étiquettes d'origine : *Louis Capet, Stanislas-Xavier Capet, femme Antoinette Capet*, celui de Gabrielle Capet, retrouvé chez une élève du peintre attitré de Mesdames, tantes de Louis XVI, sonnait de façon redoutable. Il fallait qu'à force de gages donnés aux nouveaux maîtres, par la révélation de ses origines plébéiennes et minables, la citoyenne Capet s'affirmât dans le sens de la liberté et de l'égalité. C'est la cause de certains portraits, peints par elle sous la Terreur, destinés à donner le change et à effacer la tare involontaire de sa famille. Même lorsque les fureurs se sont apaisées, au Salon de 1798, Gabrielle Capet n'envoie que des produits à l'estampille démocratique : la citoyenne Guiard, le citoyen Vincent, le citoyen F., le citoyen C. P. En 1799, c'est la citoyenne D., tenant son enfant; le citoyen Suvée, le citoyen Mesnier, et d'autres. D'avoir eu très peur, elle poursuit la phraséologie révolutionnaire par manière de précaution. Il est vrai, que, dès l'année 1800, elle expose « Madame Vincent, ci-devant Guiard », parce que c'est la date où Madame Guiard, enfin divorcée, épousera son ami d'enfance. Seulement elle corrige le méchant effet, en désignant son autre envoi de cette sorte : « Portrait du citoyen Houdon travaillant au bronze de Voltaire », miniature au quart de la grandeur naturelle !

Sur quelle matière Houdon avait-il été peint ? Isabey ni Augustin n'avaient encore rendu pratique la plaque d'ivoire réservée pour la tête, et collée sur un carton, dont on s'efforçait de dissimuler les sutures, au milieu d'accessoires ménagés habilement. A part la grande miniature d'Augustin, parue en 1796, ce moyen n'est guère employé encore. Gabrielle Capet fut l'une des premières à s'en servir.

Dès ce moment, elle se conforme aux théories récentes : elle embrasse résolument la voie davidienne. Ses amis Vincent sont dans les premiers à lui conseiller cette volte-face. Ses tons deviennent gris et sombres. Sa miniature de Vincent, la sienne, conservées chez

Madame Guérard; une autre de Vincent, à M. Alphonse
Kann, datée de l'an VI; un écolier à sa table, chez
M. Fitz-Henry, dont on a fait faussement Louis XVII;
ceux-là, et bien d'autres encore, sont d'une facture
toute masculine et très franchement conçue dans le
mode récent. On ne peut douter que l'auteur n'en soit
un peintre excellent ni une nature originale. Vincent
surtout, représenté assis, tenant son crayon et son car-
table, avec ses yeux de presbyte débarrassés de leurs
bésicles à la Chardin, se présente comme un morceau
de grande allure. De même son portrait à elle — fille à
la quarantaine, fripée et sèche — atteint au chef-d'œuvre.
Entre ses travaux de cette fin de siècle et ses œuvres
d'auparavant, il s'est fait dans son jeu des transformations radicales. Elle a désencombré ses intentions de
mille superfluités qui, par l'entremise de Madame Guiard,
venaient en droite ligne de Madame Vigée ou de Hall.
Qu'on regarde le portrait du graveur Miger, peint à
l'huile par elle, et conservé au Cabinet des Estampes,
c'est du David. Le curieux de l'histoire, c'est que tout
vient encore des Vincent et de leur rapprochement avec
le maître omnipotent de l'École française. Grâce au
logis qu'ils ont obtenu au Palais Mazarin, — entre deux
cours, au-dessous de la bibliothèque, — les dissidences
se sont apaisées, et c'est maintenant faire politesse à la
« ci-devant Guiard » que d'admirer l'auteur des Sabines;
on l'admire en femme, en se laissant dominer, c'est la
règle. On a beau montrer, dans la lutte quotidienne, un

caractère viril et des résolutions d'homme, on a ses faiblesses de nature, et il est si agréable de penser par le cerveau d'un autre ! En petit, Mademoiselle Capet cherche à parodier ce que David fait en majestueux. Quelle meilleure preuve en veut-on que la critique de Chaussard dans son Pausanias de 1806 : « Dans sa miniature, — il parle de Mademoiselle Capet, — le ton est prononcé, les masses sont justes, mais il y manque du fini ! » Habitué à Augustin et à Sicardi, Chaussard est dérouté par la marche un peu masculine de cette fille émancipée : elle a trop gardé d'errements de jeunesse, trop de fioritures inconscientes du xviiie siècle, pour plaire réellement aux nouveaux promus. Elle s'y emploie de son mieux, elle le désire, elle n'y parvient pas toujours, surtout dans le portrait de femme. Prud'hon non plus, n'avait pu mettre au rancart ses réminiscences : pour lui, d'ailleurs, c'eût été bien tant pis !

Après 1805, Mademoiselle Capet disparaît ; elle vivra pourtant jusqu'en 1818, mais la mort de Madame Vincent, survenue dans l'année 1803, lui avait porté un coup terrible. Elle paraît s'être abandonnée et retirée du monde sur ses cinquante ans.

Elles furent, « dans la partie », un assez bon nombre de filles à marier que la Révolution détourna de la vie normale. Trop attachées aux anciens usages, mijaurées un peu, et dédaigneuses des croquants de la nouvelle loi, elles allaient, suivant leur état, parasiter dans le ménage d'autrui. L'ancien régime les eût nommées des *com-*

plaisantes, les Romains eussent dit des *clientes*. Mademoiselle Capet fut chez les Vincent : Marguerite Gérard, chez Fragonard ; Constance Mayer, chez Prud'hon ; pour dire juste, cela ne finissait pas toujours sur des roses. La peinture fut très souvent le prétexte d'intrigues ; elle l'aurait été chez Frago, elle le sera chez Prud'hon. Que de « massières » rencontrées, non seulement chez les grands maîtres, mais aussi chez les miniaturistes professeurs ! Nous l'avons dit, les dames recherchent volontiers cet art élégant et intime, accommodé à leur vision, à leurs moyens minutieux et dociles. De là, tant de petits romans soupçonnés dans l'entourage des miniaturistes arrivés ; et, si l'un deux tient séminaire de jolies filles, que de ruses pour se concilier les bonnes grâces du patron !

Chez Fragonard, ce n'avait pas été en l'honneur de la miniature, mais on eut vent, tout de même, de petites histoires. On disait que le patron avait épousé à la fois les deux sœurs Gérard ; il serait oiseux de s'attarder à de tels sujets. Ce qui demeure, c'est que les deux sœurs firent de la miniature ; une femme peintre y a toujours inclination. Marguerite Gérard, fille très belle, très Arlésienne de type, bien qu'elle fût de Grasse, et qui eût été largement la fille d'Honoré, son beau-frère, puisqu'elle était de 1761 et lui de 1732, Marguerite, qui avait touché à tout, au dessin, au pastel, à l'aquarelle, à l'eau-forte, composa d'abord de petites aquarelles sur ivoire, assez lestement troussées. Nul doute, on l'a dit déjà, que les miniatures reportées à l'illustre Frago, fussent, par moitié, de sa sœur et d'elle; tout était en commun dans la maison. Mais après la mort de Fragonard, en août 1806, il se produisit, dans la méthode et dans l'esthétique de Marguerite Gérard, un travail identique à celui remarqué chez Mademoiselle Capet. Par sympathie de nom, elle semble tourner à François Gérard; et les très rares ivoires de sa main venus de ce temps en ont la note formelle. Ce n'est plus le brio, le papillonnage de Frago, c'est le posé, le compassé de Gérard avec un soupçon de David et de Boilly, mais sans plus rien de « l'initiateur ».

Un autre souffre-douleur de ses élèves, — car lui épousait, le pauvre, ce fut Etienne-Charles Leguay. A quelques mois de différence, il a le même âge que Mesdemoiselles Gérard et Capet. Il débute dans la miniature et la porcelaine, et travaille aux décorations de Sèvres. Avant 1789, il a exécuté des portraits, et sa famille conservait naguère des esquisses de très bonne mine, peintes avant la Révolution. Il a de l'habileté et de la grâce; et, en 1791, il épouse Mademoiselle Sophie Giguet, qu'on aperçoit dans une miniature donnée au Louvre par Madame Elisa Leguay. Dans cette pièce, où l'artiste s'est montré aux côtés de sa jeune femme, très nonchalamment appuyée sur son épaule, Leguay est davidien complet. De son propre visage il arrange comme une paraphrase de celui de David, moins la fluxion célèbre. Dans ses yeux, il y a une douceur infinie et de la soumission, de l'obédience. Sophie Giguet, elle, par sa pose même, indique la mainmise sur le brave et naïf bonhomme. Cette œuvre, qui restera une des meilleures de Leguay, parut au Salon de 1795, la première fois qu'il exposa en public. Dans l'année 1796, Madame Leguay a envoyé, de ses produits à elle, plusieurs dessins, au milieu de miniatures et de porcelaines de son mari, entre autres une *Baigneuse* dont on dit du bien. En 1801, Sophie Giguet est morte et déjà remplacée par une personne dont la volonté et l'autorité n'ont pas laissé à Leguay le temps de la réflexion, Madame Victoire Jaquotot. Il travaille alors pour les porcelaines de Dihl et Guirard ; il peint des miniatures, il se prodigue ; cependant Madame Jaquotot entend conserver son nom. Elle est dame Leguay, mais avant tout Jaquotot, et non moins Victoire. Elle a, en 1801, date de son « hymen » vingt-trois ans, étant née en 1778. On la sait gaillarde, maîtresse femme, très autoritaire, et d'une suffisance qui grandit dans le succès. Elle a du succès ; elle s'impose ; de 1806 à 1810, les Salons de peinture retiennent ce nom de Jaquotot qu'elle conserve, au nez de Leguay, dont elle fait un homme très malheureux. Et cependant, c'est bien hasard qu'elle invente ; le meilleur d'elle est copié d'après les maîtres : Raphaël, Rubens, Vinci. Le service de Sèvres qu'elle décore, et qui fut remis par Napoléon à Alexandre, lors de la paix de Tilsit, marque son point de départ. Après cette date de 1807, elle entend n'être plus Leguay, elle peut marcher seule ; elle a beau rester 48, rue de Bondy, au domicile conjugal, elle fait palette à part. De ce divorce moral à l'autre, il n'y eut qu'un pas, très vite franchi. En 1810, l'affaire est réglée. Leguay est libre, et Madame Jaquotot non moins. Toutefois, le bon artiste, né pour l'esclavage, proie de ses élèves, n'a pas joui longtemps de son repos. L'année 1810, au moment où Napoléon quittait Joséphine pour Marie-Louise, Leguay remplaçait Madame Jaquotot par une troisième « massière », Caroline de Courtin.

Tout ce qu'on avait connu de lui dans le précédent siècle annonçait une technique heureuse, avisée, une divination câline des physionomies, et la gaieté de bon aloi. Ceci le suivra sous l'Empire et la Restauration, en dépit de ses misères intimes. Mais il était parti sur une donnée, sur des goûts, et, sans transition, il est transporté à un siècle de tout cela. Il fut, comme tous les contemporains dont il a été déjà question, comme d'autres encore tels que Chasselat, Bornet, Civi ou Notté même, un mi-parti de deux courants opposés : Boucher et David. Encore Pierre Chasselat est-il de 1753 et disparaîtra en 1814. A la Révolution, sa carrière sera aux trois quarts finie, car il a été peintre en miniature de Mesdames, et ce n'est point une raison pour trouver du travail auprès de Robespierre. Ce qu'on connaît de lui alors est trop délibérément « ci-devant » pour agréer. La *Dame au chien*, du musée du Louvre ; les *Dames au piano*, de M. Doistau, sont de la pure aristocratie, du Baudouin,

du Lawreince ou du Hall. Une bonne part des miniatures
aujourd'hui signées de Lawreince, ou à lui attribuées,
sont, en réalité, de Pierre Chasselat ; il s'en faut faire
une raison, et c'est pourquoi, ayant longuement parlé
de Hall, on a négligé l'autre. Chasselat, qui essaie d'exposer, en 1793, un cadre de miniature, qui réapparaît en
1806 et en 1810, meurt en 1814, décontenancé, perdant
pied et ne comprenant plus rien aux choses.

Bornet, dont on a dit quelque chose déjà, connaît les
pareilles aventures. A peine adolescent, il est émailleur
et se montre à l'hôtel Jabach en 1777 ; puis il semble
disparaître. Il ressuscite, à vingt ans de là, au Salon de
1798, où il fait piteuse figure. Cependant on l'avait vu,
entre temps, peindre un exquis portrait de cette femme
laide que fut Louise de Savoie-Carignan, princesse de
Lamballe, signé *Bornet 89*, et conservé au Louvre sous
le n° 213. La lettre est précise, la signature n'est pas
douteuse, mais Bornet n'a pas eu de science. Il est sensible à tout le monde qu'il travaille d'après un modèle
peint de Madame Vigée, de Duplessis ou de quelque
autre. Par contre, la dame en corsage bleu, de la collection Mimerel, est une besogne originale de 1790 environ ;
quant au personnage de 1795, également au comte Mimerel, ce serait une des miniatures exposées en 1798. C'est
plus modeste.

On a nommé Civi et Nollé ; de ces deux hommes,
Claude-Jacques Nollé est l'aîné ; son extrait de naissance
lui assigne pour origine la ville de Nanteuil, et pour date

l'année 1753. A l'âge de vingt-neuf ans (1782), il expose chez La Blancherie, au Salon de la Correspondance. Il végète ensuite pendant une dizaine d'années, et précisément parce qu'il n'a pas le renom, parce que son talent n'a point forcé le sort, il embrasse avec fureur les idées libérales. Comment ce garçon habile, dont un cahier d'album nous a conservé les principaux relevés de miniatures, qui dépasse Sambat de toute sa valeur d'artiste, devient-il capitaine d'une compagnie de Garde nationale dans le Iᵉʳ arrondissement ? Nouveau problème de ces temps singuliers. Le fait est qu'il est capitaine, qu'il prend son grade très au sérieux, et qu'il a sous ses ordres l'accusateur public Fouquier-Tinville ! D'ailleurs, son importance politique ne le détourne nullement de sa profession. Tout en commandant ses patrouilles, en fournissant des gardes à la guillotine ou aux prisons, il continue à travailler. En 1793, en 1795, il expose des tableaux et des ivoires, il portraiture tous les « bons bougres » qu'il peut, même au rabais s'il le faut. La Révolution passée, il ne compte plus guère, il est de ceux dont on a trop parlé pour qu'ils puissent se concilier les gens tranquilles. La contre-révolution fut aussi dure à ceux de son espèce que la Révolution l'avait été aux autres. Tout le monde n'est pas un Fouché, assurément, d'abord septembriseur, coupeur de têtes et, finalement, mouchard au service d'un tyran, duc authentique, et enfin réactionnaire. C'est la gradation ordinaire pour qui a de l'estomac, du cynisme et du calme. Charles-Jacques Notté, incapable de rendre des services policiers comme un Boze ou un Sambat, garde national dans les moelles, et comparse par surcroît, semble s'être retiré des affaires dès le 18 Brumaire. Il verra, lui aussi, le Roi, la République, le Directoire, le Consulat, l'Empire, la Restauration, et, pour faire fin, la Monarchie de Juillet. Revenu à Nanteuil, son lieu d'origine, il y meurt en 1837.

Pierre-Charles Civi ne nous est guère connu. On le dit né en 1769, exagération manifeste ou erreur ; ce serait plutôt 1759. Il habite à Paris la rue de Bétizy en 1796, et, en 1799, la rue de la Monnaie. Cette année même, il met au Salon le citoyen Saint-Omer, associé de Brard dans la profession de maître d'écriture ; puis la citoyenne Blot, cette Xanite-Edmée Blot, qui sera élève d'Augustin et épousera un sieur Lemoine en 1814. Pour le bien juger, il faut admirer le petit portrait d'homme à perruque blanche, à favoris, dont la haute cravate et le gilet rayé disent un homme du Directoire ou du commencement de l'Empire. Ce médaillon ovale appartient au comte Mimerel ; la signature *Civi*, p., an VI, est à gauche ; le travail est pris d'après le vif, directement, et le modèle n'est pas quelconque. L'idée passe que ce pourrait être là le Saint-Omer du Salon de 1799, car l'an VI va de 1797 à 1798 ; l'exposition de 1799 est donc la première où l'on ait pu montrer un travail de l'année précédente. La chose est possible ; elle n'offre aucune autre garantie que le synchronisme.

Civi exécuta de nombreux portraits russes, d'où l'hypothèse de son installation à Pétersbourg et la cause du nombre fort restreint de pièces signées de son nom en France. Là-bas, il allait retrouver Mosnier, représentant de l'ancien régime, et l'effet produit sur lui, qui venait de quitter David et Guérin, dut être de même nature que celui éprouvé par un Français d'aujourd'hui tombé dans un village du Canada, où notre langage du temps de Boileau revit à peu près intact. De plus complet sur sa vie et sur son œuvre, rien qui compte.

Convenons donc, sans passion, que l'art, petit ou grand, n'est pas l'abstraction hiératique et suprahumaine que certains indiquent volontiers. Sous ses formes les plus variées et les plus opposées, il reste une manifestation d'époques, de lieux et d'appétits déterminés. L'homme, quel qu'il soit, fût-il saint Louis, Charles IX, Louis XV ou Robespierre, se complaît à être effigié ; d'où tout à coup, en pleine ferveur révolutionnaire, l'inimaginable éclosion de portraitures qui se manifeste en tous lieux de France. Plus un « particulier » est incolore, de mentalité naïve, plus on le sait déshérité de renommée ou de gloire, plus il tient à perpétuer le souvenir de son personnage. Ce fut toute la cause du succès de recueils iconographiques comme ceux de Dejabin, de Levachez ou de Gonord. L'illustration de clocher envoyée aux États-Généraux, le député à la Convention, ne doutent jamais de l'intérêt que prend leur personne aux yeux de la postérité. Ce serait s'abuser que d'imaginer les plus farouches exempts de ces faiblesses ; à dire vrai même, il ne leur déplaît nullement de se servir en cachette d'artistes dont la carrière s'est faite et consacrée en des temps plus gais. Songeons que si leur politique avance, leur esthétique retarde, et ceci n'est point particulier à leur temps. En littérature, Robespierre en est resté à Madame Deshoulières ; en peinture et en portraits, à Hall ou à Fragonard. Admit-il David ailleurs qu'à la Convention ? Ce serait à discuter. Le réel, l'indéniable, c'est la faveur, non avouée, dont jouissent les artistes des cidevant Menus, les peintres du tyran, à qui on ne demande souvent que de se taire et de ne point faire de contrerévolution. Ils plaisent, non parce qu'ils sont plus joyeux et plus clairs que les nouveaux venus, mais, tout bonnement pour avoir peint autrefois les aristocrates de marque. La petite provinciale, accompagnant son mari le député, qu'elle fût Bonne-Jeanne, femme de Fouché, Elisabeth Régnier, femme de Lebon ; qu'elle fût même une ouvrière comme cette petite Duplay, épouse du maniaque Le Bas, mettait son point d'honneur à se montrer en dame. Tout est là, il n'y eut pas d'autre cause à la troublante apparition de barbouilleurs de la trempe de Sambat, qui ne sont ni les moins recherchés, ni les moins hautains, et qui usent de moyens inavouables contre les rivaux de l'ancien temps. Alors surgirent des jeunes, qui surent unir les belles façons des anciens au régime nouvellement révélé. Comme on le disait, grâce à leur âge, ils n'étaient point invétérés dans des grammaires

strictes qui eussent gêné leur ambition toute neuve. Deux
furent des maîtres, des novateurs, dont l'influence,
quoique exercée dans un genre réputé mesquin, contre-
balança un instant le majestueux rayonnement de Louis
David : l'un fut J.-B. Augustin : l'autre Isabey.

IV

Augustin tient, dans la miniature-portrait, une place
que pas un de ses prédécesseurs n'avait connue, et que
personne ne saura prendre après lui. Il est, dans toute la
valeur de l'expression, un « primitif », un indépendant,
un sauvage que les ateliers n'ont point façonné ni contraint. De plus, il est de la profession à peu près exclusivement, et si on lui voit jamais exécuter des peintures
sur toile, ce n'est nullement pour les imposer ni en tirer
gloire. A son débotté à Paris, il laissera une œuvre de ce
genre, le portrait de son hôtesse, Madame Pinchon ; ce
sera bien plutôt pour montrer sa variété de moyens,
faire preuve d'omniscience, que pour se réclamer d'une
pratique assez nouvelle pour lui. Augustin est un phé-
nomène, il le dit ; son seul maître est la nature ; son
guide, la méditation. On sent là une vantardise de petit
provincial échappé, qui ne dédaigne point la braverie
vis-à-vis de Parisiens. Les théories de Jean-Jacques
avaient semé de ces orgueils dans les cervelles naïves ;
on en jugera mieux lorsque les États généraux auront

amené à Paris les fortes têtes de clocher, dont la préoccupation dominante sera d'opposer victorieusement la province à la capitale. Augustin, qui arrive de Saint-Dié, dans les Vosges, qui a un talent déjà très réel, a plaisir d'en faire les honneurs aux Pinchon, établis sur la place des Victoires. Lorsqu'il dit s'être formé seul, il y a apparence. Quel maître eût-il connu à Saint-Dié ? Le roi Stanislas a vainement appelé à Nancy des artistes pleins d'habileté, entre autres ce Girardet, dont il a été question déjà à propos de Dumont. Il y a même un professeur, nommé Claudot, dont personne ne parle, parce qu'on ne nomme guère le magister apprenant l'écriture et le calcul aux petits. Mais, de Nancy à Saint-Dié, il y a une trotte, et il ne paraît guère que cette distance eût été franchie souvent par les artistes du roi Stanislas. La vocation d'Augustin s'est donc — il l'assure — formée et développée en toute liberté. Dès l'enfance, il a choisi la miniature, un peu par force, parce qu'elle ne demandait qu'un attirail peu effarouchant : un coin de chambre, un bout de table, rien de cher. Pour les parents, c'était la tranquillité ; le bonhomme aurait toujours moyen de se reprendre lorsque passerait sa toquade de gamin. Toutefois, les Lorrains d'alors n'avaient point contre les beaux-arts l'aversion de certains autres ; le père d'Augustin n'eût point mis un veto formel à la façon du père de Lié Périn. Stanislas est une sorte de roi René polonais, sans goûts militaires, sans beaucoup d'ambition politique. Il a donné à ses sujets l'occasion de ne point traiter les

arts en amusette, bonne à faire périr de misère les gens
mal avisés qui s'y consacrent. Entre 1737 et 1766, la
province de par là, soumise à ce tyran débonnaire, ne
contrariait jamais de parti pris une inclination dans le
sens de la peinture ou de la sculpture. On y voyait des
artistes en situation agréable, on discutait de ces vocations comme d'une entrée dans le commerce. On savait la
réussite de François Dumont, de Lunéville, éduqué à
Nancy, et dont les affaires avaient pris une importance.
Nul n'ignorait que, sur ses projets de peintre, François
avait mis les siens en situation convenable, lui-même aux
honneurs et à l'indépendance. Ce sont là raisons convaincantes pour des personnes simples, aux yeux des-
quelles l'art ne vaut que par les résultats sonnants et
trébuchants.

Au temps où naît Augustin, Saint-Dié a perdu de son
pittoresque d'autrefois : un incendie l'a détruit à moitié,
en 1756, en dépit de l'eau de la Meurthe, qui fut impuissante à en arrêter les progrès. Lorsque le père et la mère
d'Augustin eurent rétabli leur maison, abîmée par
les flammes, ils prirent logis dans une ville toute
neuve, alignée au cordeau et devenue fort banale. La
catastrophe a appelé sur Saint-Dié et ses habitants la sol-
licitude du roi Stanislas. Avec son présidial et son bailliage, ses maisons de charité et d'instruction récemment
fondées par le vieux prince, Saint-Dié n'est plus la première bourgade venue. Sauf que l'évêché n'y est point
encore, — le premier évêque sera nommé en 1790, — à

part les artistes qui manquent, — c'est à peine si on y trouve un dessinateur linéaire et un piètre barbouilleur de piétés, — le paysage environnant, les facilités de la vie. la tranquillité des êtres et des choses sont pour tourner l'esprit à la contemplation. Qu'on veuille des études sérieuses, il faut Nancy, et Nancy, nous le savons, n'est point tout près. Nicolas Augustin, le père, bourgeois de la ville, et sa femme, Marie-Françoise Guillaume, ne sont point d'humeur à admettre sans objections le penchant de l'un des leurs vers les positions libérales. Ils ont plusieurs enfants , leur idée serait de leur assurer à tous un gagne-pain à l'abri des revirements de fortune, une bonne place appointée, dans une administration de préférence à tout. Cependant, lorsque leur fils Jean-Baptiste-Jacques aura montré des aptitudes très nettes pour le dessin, qu'on lui aura vu, sur ses douze ou treize ans, produire de petites figures assez joliment croquées, que même ses modèles d'occasion auront consenti quelque rémunération pour des essais déjà fort significatifs, on ne s'obstinera point. Madame Augustin a un faible pour ce garçon, dont toute la volonté se dépense en amusantes effigies d'amis ou de connaissances, « sans avoir été montré » ; elle est femme de tête et d'énergie, ce que ne contredit pas le portrait ultérieurement peint sur ivoire par son fils, et resté inachevé ; elle permet que l'enfant poursuive. On l'envoie à Nancy, auprès de ce Claudot, dont la cour du roi Stanislas recherche les miniatures maigriotes et pâles. Claudot façonnera Isabey, comme il aura initié Augustin, comme il éduquera Laurent de Baccarat. Augustin avait tu cette ingérence : elle nous a été révélée par un contemporain dans un éloge de Laurent, que personne ne cite.

Ce qui va être exposé ici, sur cette belle carrière d'artiste, n'a guère été connu que de trois personnes ; encore ai-je été à peu près seul à en savoir certaines particularités. Les héritiers de Madame Augustin ont conservé longtemps les reliques du miniaturiste sauvées de sa vente après décès. C'étaient les premiers portraits qu'eût exécutés Augustin à Saint-Dié, avant son passage à l'atelier de Claudot, l'un à dix-neuf, l'autre à vingt ans ; des croquis au crayon, des esquisses peintes, des essais, avec en plus une trentaine d'œuvres terminées, que la veuve avait disposées « en chapelle du souvenir » ; qu'on joigne à cela des listes de portraits, des lettres, des papiers non utilisés encore, de ces choses menues qui parlent si haut si on les groupe et qu'on leur prête attention. Tout ceci, laissé par Madame Augustin, en 1865, à ses héritiers du côté maternel. La France, qui a perdu par l'indifférence des gens d'autrefois la plus grosse part de son trésor ancien, égrène, de nos jours, les rares joyaux enfermés dans les armoires de famille. Ces bas de laine de notre épargne artistique, où tant de discrets chefs-d'œuvre dormaient depuis des siècles, sont maintenant guettés par des rabatteurs d'un nouveau jeu. C'est bonheur inespéré que les souvenirs d'Augustin se soient trouvés, en bloc, transportés de chez nous dans l'inestimable collection de M. Pierpont-Morgan. Ils eussent pu s'éparpiller à jamais ; ils sont réunis là hors de toute méchante fortune, même on les pourra revoir et étudier, car la courtoisie et la libéralité de M. Morgan sont légendaires. Tout de même, ils sont loin du Louvre, leur vraie place. Les beaux traits de piété filiale, qui nous m ontrent l'héritier d'un Stradivarius mourant de misère auprès de son trésor, sont aujourd'hui conte de ma mère l'Oie. Et Pauline Ducruet, femme d'Augustin, n'avait même pas eu, à sa mort, la consolation d'abandonner ses miniatures à un musée national. En 1865, cela n'était que peu, on ne les eût acceptées nulle part en nombre. La destinée de ces objets était marquée et fatale ; nous n'avons nul étonnement ; du regret certes, et du chagrin un peu. Car c'est par la disparition de nos documents nationaux que nous nous trouvons tout à coup en face de problèmes insolubles. Combien Isabey aura eu plus de bonheur que Jean-Baptiste Augustin ! Il nous tarde de le dire.

Donc, rien de ce qui va suivre n'a été écrit, tout en est neuf, débarrassé de ces inconnues qui ruinent un récit. Ce ne sera guère que la paraphrase, le rangement des papiers du peintre, la mise en ordre de ses listes. Nulle littérature habile, le sujet n'en comporte pas. D'une année sur l'autre, pas à pas, nous suivrons Augustin, qui restera le plus illustre de nos miniaturistes, mais qui deviendra ainsi le mieux connu d'eux tous. Autrefois, que savions-nous ? Des épisodes vagues, des jugements plus ou moins partiaux de contemporains, à peine de

dates. Pas un mot de sa vie, de son travail, de ses goûts.
On se donnait tâche d'analyser son talent d'après des
œuvres officielles, qui, étant officielles, ne le faisaient
que très imparfaitement comprendre. Or, en parcourant
ses dépouilles intimes, les moindres faits prennent un
rang. Les circonstances, leurs causes et leurs effets s'é-
clairent. Ce n'est plus d'un spécialiste borné et mesquin,
d'un tenant « de petit art » qu'on a à dire, mais d'un
novateur, d'un esprit scientifique partant de l'infiniment
petit des êtres pour s'élever à des conclusions immenses.
Une physionomie humaine est ou bien niaise, ou redoutable ; niaise, banale et idéalisée chez Hall ; redoutable
de vie ou de sincérité chez Augustin. La prétention,
émise par lui, d'être élève de la nature et de la méditation, ne nous apparaît peut-être plus autant comme un
cliché à la Jean-Jacques, une phraséologie outrecuidante
et sotte. Il dit vrai. La grammaire de son art lui a été
enseignée par le bon Claudot, de Nancy, car, si forte que
puisse être la méditation, elle ne saurait révéler au pen-
seur l'art compliqué et pointilleux de miniature ; mais le
rudiment, une fois débrouillé, n'intervient plus que pour
se faire entendre de chacun.

L'intelligence de l'être, la pénétration subtile dans les
âmes, l'analyse de tant d'appétits dissimulés, de passions
inavouées, perçus par l'artiste dans une observation
incessante, c'est sa trouvaille propre, ce que ses yeux en
rayons X allaient découvrir en arrière des épidermes. Il
nomme ceci la méditation ; il ne peut exercer cette faculté,

un peu surnaturelle que par la raison qu'en lui tout est vierge, désencombré de parti pris et de formulaires, et qu'il opère avec des sens tout neufs. Même le serré de sa pratique, ce qu'on y voudrait blâmer de trop précis et de trop net, est une accommodation de sa technique à ses recherches ; cela n'est ni mince ni étroit. En progrès sur Sicardi, il se taille une phrase pénétrante et résolue qui dira tout autant que celle de son concurrent, et aura l'avantage de n'omettre jamais le moindre trait, ni de trahir l'intention du peintre.

Il se devait que Jean-Baptiste Augustin naquit dans une maison où ni le père ni la mère n'attendaient la venue d'un messie. Il tombait comme il arrive souvent, — le plus souvent même, pour les géniaux, — en un milieu simple, esthétiquement dénué, sans exemples qui le vinssent entraîner, sans atavismes qui le pussent contraindre, puisque, si l'on remonte en arrière, les Augustin apparaissent très modestes, illettrés, peut-être issus d'un enfant trouvé, comme le semble indiquer le prénom, devenu patronymique. Son acte de naissance tient en trois lignes, et le parrain, Jacques Blondin, huissier audiencier au bailliage de Saint-Dié, ou la marraine, Jeanne Gœury, une petite fille, ne sont faits pour beaucoup rehausser le prestige de la cérémonie : « Jean-Baptiste-Jacques Augustin, fils légitime de Nicolas Augustin et de Marie-Françoise Guillaume, son épouse, est né le 15 août mil sept cent cinquante-neuf, à midi, et été baptisé le même jour. A eu, pour parrain, Jacques Blondin.., et, pour marraine, Marie-Jeanne Gœury, jeune fille de cette paroisse. Signé : Blondin, Marie-Jeanne Gœury, Regnier, curé de Saint-Dié. » C'est le jeu modeste, la troisième classe, ce qui se fait de moins cher. Pour le futur peintre de l'empereur Napoléon, la coïncidence du 15 août est singulière, et ne manquera point d'être remarquée ; à dix ans d'écart, jour pour jour, le miniaturiste et l'Empereur tombent à la même heure, pas beaucoup plus grands seigneurs l'un que l'autre.

Des premières années d'Augustin, pas une note à retenir ; sa célébrité, restée secondaire, laissa en repos les fabricants de légendes. Il dut, comme les autres gamins, fréquenter les écoles fondées à Saint-Dié par le roi Stanislas ; il dut même y perdre son temps, si l'on en juge par son orthographe qui a des boiteries, et par son français un peu trop lorrain. Quelles influences d'origine lui valurent la passion du dessin ? On a beau être élève de la nature, il faut, à une telle vocation que la sienne, une impulsion, une déterminante de début. L'enfant avait-il vu quelque part à Saint-Dié, un peintre ou un miniaturiste ? La maison où on lui apprit le B A ba possédait-elle un maître à dessiner ? Nul ne le sait. Les premiers portraits en miniature qui nous soient restés de lui, et qui avaient été conservés précieusement, dénonçaient les liens moraux qui l'attachaient à Vestier et à Dumont. Dans la plus ancienne de ces œuvres, il s'est représenté lui-même dans son bel habit de soie des dimanches, avec sa perruque poudrée de procureur, un jabot de dentelles à la Buffon, dans l'attitude de peindre. Derrière, il a écrit : « Fait par lui, à Saint-Dié, en 1778, sans maître, à l'âge de dix-neuf ans. » Sans maître ! Cela est formel, mais bien audacieux. Sans doute il joue un peu sur les mots ; il veut dire que, pour ce portrait de lui, personne ne lui a donné de conseils et ne lui a enseigné de secrets ; mais Augustin n'en avait pas moins vu d'autres œuvres, et s'était donné la tâche de les parodier. Ces emprunts inconscients seront bien plus sensibles encore dans la miniature datée de 1779, représentant une jeune femme de Saint-Dié, qui se pourrait facilement donner à François Dumont. Et pourquoi Augustin, de huit ans plus jeune que son compatriote de Lunéville, n'aurait-il pas admiré quelque médaillon peint par lui ? En 1779, Dumont a dix ans de séjour à Paris, il est célèbre, son histoire s'est répandue en Lorraine, et — n'en doutons pas — a servi à apaiser les scrupules bourgeois de la famille Augustin. La preuve en est que, dès 1780, Jean-Baptiste-Jacques est à Nancy, auprès de Claudot, et que, l'année suivante, il abandonne ses forêts de sapin et ses lacs des Vosges pour aller conquérir Paris à son tour. Physiquement, ce garçon inspire confiance. Il a de la santé, il est tenace, volontaire ; sa bouche, ses yeux, ses pommettes en saillie sont d'un résolu. Il tient de sa mère, Marie Guillaume, l'air brave homme, placide, un peu finaud des Lorrains et des Comtois. Son front est large, ses sourcils dessinent en vol d'oiseau leur arc rejoint. Ce signalement, c'est lui qui le donne dans son portrait de dix-neuf ans ; il ne se passe rien et ne s'embellit pas, chose déjà bien inattendue. Combien d'artistes, rêvant de passer à la postérité peu bénévole, hésitent, en cas pareil, à majorer leurs avantages de corps ? Qu'on les voie aux Offices de Florence, au Louvre, partout où les gens célèbres se donnent à eux-mêmes la satisfaction d'écrire leur propre éloge ! Augustin, pas. Il a devant lui, à travers une glace, un personnage un peu bougon, très provincial, assez mal ficelé, qui est lui-même ; il n'hésite pas. Aucune supercherie de coloris, aucune atténuation de petits mécomptes physiques ! Élève de la nature, il l'est, et soumis et respectueux jusqu'à la candeur.

Pour la jeune femme de Saint-Dié, peinte un an après, c'est déjà autre chose ; il a sûrement vu et analysé des œuvres de peintres. Cette dame de province, contemporaine de Marie-Antoinette, eût, sans grand'peine, soutenu la comparaison des femmes de la cour de France. Ses cheveux relevés, ses perles, ses voiles, son minois très fin et son décolletage plein de science montrent les progrès d'Augustin dans la carrière de portraitiste. Sans la note mise par lui au revers du médaillon, nous eussions retrouvé la jolie petite dame de Saint-Dié sous le nom de la princesse de Lamballe, ou d'une autre personne illustre, en quelque collection parisienne. On sent que l'amant de la nature condescend à la concession ; qu'il n'ose plus, en présence d'une femme, conserver son franc-parler. Il est trop Lorrain pour le vouloir, trop désireux de réussir pour s'exprimer avec intransigeance. Dès ce premier pas, tout en se réservant de faire un choix habile dans les particularités de physionomie, et de persister en son réalisme, il s'exerce au convenu à la mode. Son adresse est bien plus de paraître tout dire que de tout dire en effet. Une femme écrira : « M. Augustin ne m'a rien passé, mais je suis très ressemblante. » Il a eu la malice de peindre une mignonne verrue que la dame a près du nez ; seulement il a poétisé le reste. On lu[i] passe avec joie la verrue.

C'étaient là les tempéraments apportés par lui à sa passion irréductible de rester vrai, et, dès son arrivée à Paris nous en aurons maintes preuves. Sur le tard, vers 1820, il s'était mis à récapituler sa vie et à se remémorer, en s'aidant de notes prises autrefois, tous les portraits exécutés par lui depuis sa venue à Paris jusqu'à son mariage, de 1781 à 1800. Peut-être la famille de la future lui avait-elle demandé le bilan de son travail de dix-neuf années ; peut-être l'avait-il proposé lui-même, car il n'avait que profit et honneur à tout dire. Il avait bien un peu brouillé les dates au courant de ses souvenirs ; nous lui voyons assigner des œuvres à 1788, qui nous sont restées et qui portent la date de 1792 ; il fait un salmis incroyable et étourdissant de personnages aux noms tronqués, où la phonétique l'emporte sur l'orthographe. Toutefois, il précise l'époque de son arrivée à Paris, le carême de 1781, à vingt-deux ans ; la maison où il descend, 15, place des Victoires ; la famille qui l'accueille,

M. et Madame Pinchon, amis de son père. Les Pinchon sont cinq personnes : le père, la mère, encore jeunes, deux filles et un fils. Ce dernier sera, plus tard, miniaturiste à son tour, et l'un des premiers élèves d'Augustin. En 1781, c'est un petit garçon ; ses sœurs sont très jeunes, et l'on fait beaucoup de bruit. Jean-Baptiste Augustin entend ne pas être en reste de politesse envers ses hôtes, et c'est, en quelques semaines, six portraits qu'il exécute, — un remerciement et une réclame à la fois, — car les Pinchon ont des amis et il montreront l'ouvrage du garçon. Augustin donne en ces portraits tout ce qu'il a de science ; sur les six œuvres, une est à l'huile, — le portrait de Madame Pinchon, — le reste sur ivoire, M. Pinchon, leur fils, leurs deux filles et une nièce. Une autre miniature, représentant Madame Pinchon, est datée de 1791, dix ans plus tard ; elle est aujourd'hui chez le peintre Lecomte du Noüy, dont l'aïeul, peintre lui-même, avait connu Augustin. Les Pinchon n'avaient point lieu de regretter la détermination de leur jeune correspondant ; il avait en lui mieux que ce « quelque chose » dont on gratifie les gens sans avenir pour leur laisser une consolation. Aussi ne le perd-on pas de vue, mais on oublie parfois de lui payer des travaux commandés. La nièce de M. Pinchon redoit quarante-huit livres sur huit portraits d'elle et de sa mère, Madame Bertholet, demandés au jeune artiste dans un moment d'enthousiasme.

A peine arrivé, Augustin s'était mis en quête d'un

gîte qui ne fut pas trop éloigné de ses amis ; il l'avait trouvé au café David, rue Saint-Honoré, au coin de la rue du Roule. C'était un hôtel meublé, où il avait pris un galetas d'attente. Aussitôt installé en face de sa petite glace, il avait croqué sa figure pour l'envoyer à la maman. Ce n'est déjà plus le petit Lorrain de 1778. En trois ans, la figure s'est assouplie, les sourcils se sont franchement rejoints, le nez a grossi. Dans son ensemble, c'est à la fois plus de crânerie et plus de charme. En deux mois de Paris, J.-B. Augustin s'est déniaisé. Sa perruque, relevée sur le front, a de la grâce ; son col dégrafé atteste d'une recherche à la mode chez les artistes du moment. Marie Guillaume aura joie à le retrouver si joli homme, si heureux de la vie. On l'a vu partir avec un serrement de cœur, car Paris, c'est bien loin, et l'on est bien tout seul, en dépit des Pinchon, au milieu de tant de monde.

Les listes fournies par Augustin ont trop peu de précision pour être suivies dans leur ordre strict. Il est d'évidence que les noms aristocratiques, mis par lui en vedette, ne lui vinrent point dès l'abord. Sa première clientèle dut être de gens plus modestes, des femmes de chambre, des cochers, de petits bourgeois et des « créatures ». Telle la « femme de chambre au coin de la rue Taitbout et sa maîtresse », indiquées aux nᵒˢ 25 et 26 de sa liste ; « M. Barat et sa maîtresse, près de Saint-Laurent » (nᵒ 49) ; une demoiselle, marchande de modes (nᵒ 58) ; une pâtissière, Madame Souliard (nᵒ 62) ; « une femme entretenue, rue Saint-Maur », et celle-ci a voulu des mains, ce qui augmente le prix (n° 66) ; le frère de M. Farjon, parfumeur à Bordeaux (n° 67). Comme Augustin est jeune, qu'il se déplace volontiers et « n'est pas regardant », on le charge de besognes étranges. Madame X.... et sa mère lui demandent le portrait « du parrain, à faire à son insu ! » Et ce parrain tient une entreprise de roulage rue Saint-Denis, à côté de la rue du Petit-Parleur (n° 85) ; ces dames veulent lui faire une surprise pour sa fête.

Au nombre de ces travaux de début, qui comptent bien près de cent miniatures diverses, allant de 150 à 200 livres au moins, et qui s'échelonnent, comme temps, de 1781 à 1789, il y a les gens qui ne sont pas l'aristo-cratie, mais ne sont pas non plus des tout à fait quel-conques. Disons le *tiers*, pour rester dans les données. Parmi ceux-là, Augustin peindra Hua, danseur de l'Opéra ; l'architecte Goupil et son fils ; M. de la Noue, « qui a bâti la salle Favart », son neveu et la femme de ce neveu ; Mademoiselle Pille, fille d'un grand épicier de la place Saint-Michel ; M. Armand Souville et sa maî-tresse Madame Nozière ; le capitaine américain Cypière ; le célèbre Jacob, l'ébéniste, avec son épouse ; Lesage et Nivert, bijoutiers associés. Graduellement, les clients d'Augustin se haussent dans les hiérarchies sociales. Il n'en est pas sensiblement plus riche, car plus la com-mande vient de haut, plus difficilement elle se règle. On oublie assez communément de faire le solde, heureux encore si on ne lui emprunte pas un louis pour régler une emplette pressée. La comtesse de Kerkado et Madame sa mère visitent Augustin. Madame de Kerkado est une belle personne, un peu évaporée, dont les yeux parlent trop et dont la bouche est gourmande. Non seulement la charmante créature demande son portrait, mais elle a appris que M. Augustin donne des leçons de miniature, elle en prend neuf. Deux portraits et neuf leçons, c'est, pour le peintre, un revenant-bon de plus de 700 livres, de quoi acquitter son loyer et s'entretenir pendant quelques mois. Hélas! la délicieuse sirène que le jeune homme a timidement caressée du regard, qu'il a dévoilée toute dans une admirable pièce appartenant à M. Stettiner, la capiteuse, la perverse comtesse ne lui verse jamais un rouge liard.

Augustin était encore trop de Saint-Dié et trop béjaune pour s'être rendu compte que les leçons d'un solide gaillard de vingt-cinq ans ne se paient guère en louis d'or neufs. Comme on ne lui réclama jamais la miniature impayée, il la garda chez lui dans son cadre de bois, sous son verre cassé. N'eût-il pas écrit au revers de ce cadre le nom de la dame, et dans ses listes toute l'histoire en deux lignes, on eût pensé à un travail de Dumont. Car, entre la Madame Vestier par François Dumont, dans l'instant conservée au Louvre, et la Madame de Kerkado d'Augustin, la comparaison se fait impérieuse. Qui est, en réalité, cette Madame de Kerkado ou Carcado, comme la nomme le peintre dans ses fantaisies orthographique? On ne sait. Une poupée adorable, en tout cas, avec le joli chanfrein busqué de son visage et ses yeux en velours. D'origine, quelque Bretonne délurée, à qui il ne manqua guère qu'un Stuart pour être une Renée de Kéroual. Vis-à-vis d'elle, la rancune d'Augustin a de la réserve ; il se contente de railler cette désinvolture de coquette par un mot très simple : « Elle me doit tout cela! »

Bien d'autres mijaurées lui devront aussi *tout cela*. La maîtresse de l'abbé Duprat lui a demandé un cristal de roche ; elle omet de le couvrir de ses frais. La comtesse d'Oudenarde acquitte une première fois son propre portrait et celui de son fils en miniatures séparées. C'est l'amorce. Elle revient à la charge pour un groupe, chose compliquée et délicate ; ceci sera par-dessus le marché, car jamais plus elle ne revient. Augustin innocent et candide ! Lenoir, le lieutenant général de police, ordonne son portrait à deux exemplaires ; on l'exécute en hâte. Or, Lenoir oublie, non de prendre livraison de l'œuvre, mais de la régler. Bien mieux, le même Lenoir oublie également de payer la commande de la miniature de son petit-fils, M. de Nanteuil, et celui de sa gouvernante, à deux copies.

Pour un certain baron de Darcourt, sa femme, ses deux filles, en quatre ovales séparés — quarante louis au bas mot, nulle difficulté de bourse pour la première fois. Mais on revient à la charge avec deux portraits à l'huile, et, cette fois, on retient tout, les toiles et la

monnaie. Successivement, J.-B. Augustin « perd », avec
M. et Madame Molo ; avec la femme d'un Anglais, Mr.
Smith ; avec la fille de M. Titon, conseiller au Parle-
ment ; mais le portrait du conseiller, celui de son fils,
sont réglés à leur heure. Plus tard, en 1792, lorsque
J.-B. Augustin approche de la perfection, il est mis en
rapport avec Madame Roberjot-Lartigue, — il dit Lartigues ou Sartigues indifféremment. — Madame Roberjot
paraît une déesse à sa maturité, revenue des vanités, et
qui est à égale distance du 4 et du 5 en âge. Madame
Roberjot pose les Corinne avant le temps ; elle souhaite
d'être montrée au milieu d'une nature grandiose, les
yeux en l'air et comme inspirée. Augustin tente l'aventure, mais la première idée ne satisfait point, et on lui
abandonne l'esquisse incomplète. Ce croquis merveilleux, réduit à la tête et aux indications générales prises
au crayon, est en la possession de M. J. Pierpont-Morgan. Madame Roberjot était revenue à la charge ; elle
ordonne, cette fois, que sa pose sera celle de Madame
Vigée pressant sa fille sur son cœur ; elle, aura son fils,
et près d'elle, le portique d'un palais ; dans les arrière-
plans, la nature la plus alpestre qu'on puisse. Ce portrait
est dans le cabinet Panhard, sous le nom de Madame de
Sartiges. L'artiste a reçu des arrhes, on ne craint plus d e
risquer la demande plus importante. Madame Roberjot
devra, pour le coup, être couchée sur une peau de tigre
et présentée en Érigone dévêtue. Ce serait peu, si elle
ne souhaitait d'avoir les effigies de deux voisins : « M. le

comte du Lot (du Lau) et son amie, Madame Sicard »,
laquelle sera en pied et emmitouflée dans un schall
des grandes Indes. Ce sera beaucoup de talent dépensé,
beaucoup d'ivoire couvert, et combien de temps passé !
Tristement, Augustin se dépite. « Madame de Lartigues
me doit ces trois dessins, remarque-t-il, les cadres, et,
en outre, la glace, le tout cent louis. » Ce revient à dire
2.500 francs tout net, une ruine. Il est donc bien heureux pour le pauvre peintre que les petites dames
joyeuses ou les gros marchands sauvent la mise. M. Fitz-
Henry possède une adorable miniature de femme en
chapeau pointu, portant le seing manuel et la date 1792,
au temps précis de ses démêlés avec la comtesse Rober-
jot-Lartigues. La dame au chapeau pointu restera pour
nous Madame X...; elle est assez triviale de visage, mais,
en habillement, aussi raffinée et décisive que les coquettes
de la *Grande Promenade* publiée par Debucourt dans la
même année. La dame a près d'elle son petit chien-lion,
elle est assise sur une roche, et elle est désignée par
l'artiste « Madame X..., de la rue Sainte-Apolline,
appuyée sur un rocher. » Par derrière, ce sont des
montagnes alpestres, dont Augustin décorera les fonds
aux approches de la Révolution. Madame X... a prié
qu'on lui fît deux copies, dont elle se libère séance
tenante ; Madame X... n'est ni comtesse, ni très grande
dame, et elle garde des allures bourgeoises. Dans l'œuvre
du peintre, Madame X... apparaît l'un des morceaux les
plus soignés et les plus significatifs. Sur ce visage d'an-

cienne grisette, il y a de l'honnêteté et du dévergondage,
de l'insolence et de la bonté. C'est le triomphe dans le
genre mixte.

Les aristocrates n'ont point tous les poses désin-
voltes de ceux qu'on vient de dire. Successivement
Augustin donnera deux jeunes filles mortes à l'hôtel du
duc de Penthièvre, la vicomtesse de Polastron, parente
de la duchesse de Polignac ; Madame de Bombelles et
ses enfants, et M. de Bombelles, dont le nom aura de la
clientèle après l'Empire, grâce aux caprices de l'impératrice Marie-Louise, est l'un de ces bambins ; la comtesse de Montmorin, habitant la rue de la Ville-l'Evêque ;
le fils de M. de Balbi ; le prince Galitzin, sa femme et
leurs deux filles ; le comte du Cayla, premier gentilhomme du prince de Condé ; M. de Caumartin, prévôt
des marchands ; la comtesse de Caradeuc ; la marquise
de Montcalm, « rue de Richelieu, belle dame blonde » ;
la comtesse de Grammont-Caderousse, née Gabrielle de
Sinety, dont Madame Vigée a laissé une aimable portraiture : « l'amie de la comtesse, près de la rue du
Montparnasse » ; Madame de Ségur et ses enfants, et
Madame de Ségur est fille du maréchal de Biron ; la
comtesse de La Marre, aussi avec ses enfants, sur une
escarpolette. Ce n'est pas le tiers de ce que peindra
Augustin dans la gentry française, mais il serait oiseux
de nommer tout le monde.

N'eût-on que les mentions d'épreuves éparses dans les
Salons et figurant au livret, on en serait réduit à peu de

chose. Le « cadre renfermant plusieurs miniatures »,
dont l'indication coûte moins à l'impression, est la formule habituelle. Elle est désolante pour nous. Ni en 1791,
aux Artistes libres de la rue de Cléry, où il voisine avec
Sambat et son parent Augustin, dit Dubourg, de Saint-
Dié ; ni en 1793, au Salon, où il envoie son portrait,
une miniature d'après Greuze et divers morceaux; ni
même en 1796, où l'on revoit un autre portrait de
lui, la grande miniature, — acquise par M. Pierpont-
Morgan de ses héritiers, — il ne fournit beaucoup
d'éclaircissements. Sa miniature d'après Greuze, il la
conserve chez lui ; elle sera vendue en 1839, à la dispersion de son cabinet.

Ses listes et les œuvres encore rencontrées nous
apportent des renseignements autrement précis. Chro-
nologiquement, l'une des plus anciennes parmi ces dernières serait la miniature représentant une femme au
centre d'un paysage dit historique où l'on voit figurer la
pyramide de Sextius. Cette dame porte une robe rayée
et une ceinture de métal à l'antique ; elle est dans la
collection Panhard. C'est un ravissement en tout. Bien
mieux, on retrouve l'esquisse préparatoire de cette
pièce dans l'un des albums venus d'Augustin et passés
à M. Morgan ; là elle est à l'aquarelle sur papier, et c'est
presque aussi bien. Du même temps, le Louvre possède
une prétendue Madame Élisabeth, sœur de Louis XVI,
plus une personne dépoitraillée, en corsage de 1791 : la
première, qui n'est certes pas Madame Élisabeth, peut

très bien être l'une de ces personnes de qualité figurant
dans les listes d'Augustin — a-t-il jamais peint Madame
Élisabeth, d'ailleurs ? il ne paraît pas. — La dame
décolletée répondrait au signalement de ces X..., aux
mœurs légères, lesquelles sont jolies et paient si parfaitement bien. Quant à la Lucile Desmoulins, signée et
datée de 1788, appartenant à M. Warneck, c'est, dans le
style Vigée-Le Brun, une chose pleine de délicatesse et
de douceur ; mais est-ce bien là Lucile ? On connaît des
Lucile Desmoulins partout, aucune ne s'accorde aux
autres. Celle-ci est d'un charme touchant, il y aurait de
la vraisemblance ; pourquoi Augustin ne la mentionne-t-
il point dans ses listes? Il est vrai qu'il omet volontiers
les personnages révolutionnaires au temps où il recons-
titue son bilan d'œuvres. Mais il a pareillement omis
une Madame de Segonzac au piano, aujourd'hui au
baron de Schlichting, et Madame de Segonzac n'a pas
un nom qui effraie les émigrés revenus.

Beaucoup d'autres miniatures, exécutées par lui avant
son mariage, nous sont signalées dans les collections
particulières. M. Doistau possède un portrait d'homme
de 1793, plus un citoyen, en costume négligé, au milieu
d'un parc. M. Fitz-Henry, outre l'hétaïre au petit chien,
de 1792, et dont il a été question déjà, a recueilli le
général Westermann, provenant de la vente d'Augustin,
en 1839. Le peintre avait conservé le général comme il
avait gardé la Madame Tallien, passée à M. Edmond
Taigny ; et cette Madame Tallien portait le n° 113 de la

vente après décès. Ce sont là beaucoup d'omissions constatées dans les listes ; aucun de ces portraits n'y figure, et ce ne sont pas, à beaucoup près, les seuls. Il le faut répéter, lorsque Augustin se livre à ce travail de reconstitution, en 1820, il a grand soin d'éviter ce qui pourrait nuire à la considération due au premier dessinateur du Cabinet du Roi. On ne l'interroge pas, on ne lui demande nul compte de son passé, mais qu'il ne se vante pas de ses relations terroristes. On n'ignore pas qu'il a connu et fréquenté David, reçu des pires Jacobins beaucoup de bons offices, et fréquenté chez les Buonaparte. L'essentiel est qu'il n'en tire ni vanité ni profit politique posthume. Aussi est-il singulier de lui voir passer sous silence, dans ses énumérations, tout ce qui, de près ou de loin, rappelle le Corse et les siens.

C'est bien un hasard qu'on y rencontre Barillon, le ministre de la Marine Brueix, Bastérèche, Cousin. Nulle part une note sur ce grand portrait de lui-même, où il s'est montré en costume de citoyen conscient et libre, afin de s'attirer les bonnes grâces du tyran David. Pourtant, à ses yeux, ceci est son chef-d'œuvre, son principal tour de force, car, pour obtenir une miniature dans ces dimensions, on a dû marier l'ivoire au carton, et faire disparaître les raccords sous les empâtements de la gouache. Ce morceau capital, aujourd'hui à M. Pierpont-Morgan, date de 1795, il marque un progrès immense dans l'art de miniature. Il est un singulier mélange de civisme dans le vêtement et de réaction dans la légende : « Portrait de M. Augustin, peint par lui-même, en septembre 1795. » *Monsieur* Augustin, et *Septembre 1795* ! voilà qu'on n'eût point osé écrire avant Thermidor. Seulement, il y a eu Thermidor, et le peintre parisien, le petit artiste de Saint-Dié, n'a pas eu le temps de s'assimiler les formules révolutionnaires. Dans son for intérieur, il n'en a cure, et les assignats ne lui en donnent pas le goût. Sa pose nonchalante, le manteau drapé, le portique de fond, les draperies, le calme du visage, les cheveux poudrés à blanc, sans perruque, sont aussi bien ceux de M. de Damas que ceux de Carrier ou de Saint-Just. Au salon de 1796, où le portrait parut, il provoqua des enthousiasmes sincères. Pourtant déjà Augustin n'est plus tout seul ; un autre Lorrain monte, c'est Isabey, et les *Etrivières de Juvénal* opposent le dernier venu à l'autre, non comme un rival, mais comme un maître.

> Augustin, tu t'es surpassé,
> Ton portrait est peint comme un ange ;
> Et l'on peut dire à ta louange,
> Qu'Isabey seul t'a surpassé.

Une rime riche n'excuse point l'injustice d'une comparaison. Entre Augustin et Isabey, nul rapprochement à faire ; l'un est le traditionnel, le continuateur d'une lignée remontant à plusieurs siècles ; l'autre, un moderne, un dégagé, conformé par son époque et sans beaucoup d'attaches avec le passé. Ce que fait Augustin, Isabey ne le pourrait toujours, et, réciproquement. Isabey parle une langue capiteuse et étourdissante que l'autre ignore. Ce sont deux puissances qu'il est puéril de mettre en rivalité, surtout en vers de mirliton.

Lorsque la Révolution s'annonça, Augustin battait son plein ; Isabey débutait à peine. En émail, en miniature, en possession entière de soi, en observation subtile et malicieuse, Augustin est maître. Il ne quitte guère Paris, source de projets moraux et d'études pénétrantes. C'est à peine si, dans le courant de l'année 1789, à la belle saison, il fait une fugue à Brest, — trois cents lieues, aller et retour, — pour voir la mer et exécuter diverses portraitures. Deux ou trois mois au plus, employés à peindre M. de Linot, commissaire de marine ; M. de Larrieu, officier ; M. X..., capitaine des vaisseaux du roi, et sa maîtresse ; Mademoiselle Ozanne et Mademoiselle Bermont. Il rentre à Paris, et bientôt son appartement de la rue Honoré paraît mesquin à sa nouvelle fortune. La Terreur le trouvera installé 22, rue Neuve-Saint-Étienne, à la Ville Neuve, au coin du boulevard. C'est sur cette partie de son existence qu'il entend faire le silence et brouiller les cartes de ses souvenirs. S'il nomme les gens qu'il a peints entre 1792 et 1796, il a soin de les mêler aux autres, soit d'avant, soit d'après. Dans le tas, il glisse des ci-devant, en façade, afin de masquer le reste. Et ce *reste*, des terroristes pour la plupart ou assimilés, l'ont « refait », eux aussi, très souvent, comme de simples nobles d'autrefois. Ainsi, sur un portrait de Madame Duparc, commandé par Le Tourneur, cinq louis sont restés en souffrance, et, pour le temps,

cinq louis font, en assignats, beaucoup d'argent. Une
Madame Pinchard, apparentée « à tout ce qu'il y de
bien », redoit trois louis, qu'elle ne paiera jamais.
M. Cornillière fait mieux, il emprunte à son peintre
25 francs, qu'il ne restituera pas et qu'on n'ose réclamer.
Madame Lescot, demeurant rue Poupée, a un amant ;
cet amant a une sœur, demeurant chez Madame Bertholet, alliée des Pinchon, laquelle est alors mariée a
M. le Basle. L'amant devait acquitter le portrait de sa
sœur, soit 200 francs ; il s'en garde bien ; il a le portrait,
et pour rien. Personne n'a plus le sou, mais comme il
faut manger, Augustin prend des commandes au rabais :
Madame Simonnet, en robe de gaze ; M. Pochet,
M. Flammarion, M. Holstein ; un marchand de diamants, M. Mazuel, marié à la fille du comte de Saint-
Albin, ci-devant mort sur l'échafaud.

Vers le milieu de 1798, Augustin abandonne la rue
Saint-Étienne, où il n'a pas ce qu'il veut, pour s'en
venir habiter au 15 de la place des Victoires. C'est la
maison où les Pinchon l'ont reçu à sa descente du
coche, il va y avoir bientôt vingt ans. C'est là qu'il a
ressenti ses premières impressions de Parisien ; mais
depuis ces dix-sept ans écoulés, la belle place a singulièrement changé de figure. Les 11-13 août 1792, la statue de Louis XIV couronné par la Victoire, que le
maréchal de la Feuillade avait fait élever au centre de
la place, « ouvrage des adulateurs esclaves, est détruit
par la main des hommes libres ». Les hommes libres

n'y allaient pas de main morte, et ce qu'ils démolis-
saient, ils n'avaient pas toujours le loisir de le com-
penser. De 1792 à 1806, l'endroit était resté privé de
statue ; à cette dernière date, on y avait placé un
Desaix nu, héroïque, nul et indécent, dû au pauvre statuaire Dejoux. Donc, lorsque Augustin s'installe, la
place est veuve de son Louis XIV et n'a pas encore son
Desaix. Il est le locataire de Boyveau-Laffecteur, dont
les annonces, d'une espèce particulière, encombrent les
murailles. Boyveau n'est pas que propriétaire, il se
déclare un peu l'ami des peintres, et c'est sur une miniature d'Augustin que sera gravé son meilleur portrait.
Dieu sait ce que le Rob Boyveau a provoqué de reconnaissance chez les artistes, traduite en peinture, en
modelage ou en vers. Boyveau — il le crie assez haut —
n'est pas un marchand de drogues, c'est un philosophe
et un philanthrope ; en réalité, c'est un industriel heureux. Son nom s'écrit en rébus, première idée du Bul-
gare qu'on cherche et qui force le patient à lire les indications utiles : un veau buvant à une fontaine, un veau
naïf dont les forces se retrempent dans le Rob, et ce
veau qui boit, Boit-veau ! c'est la grosse malice sous
laquelle se réfugie le philanthrope pour mieux répandre
sa panacée.

Augustin a trop ses minutes prises, trop de commandes
pour beaucoup courir le monde. Entre deux séances, il
chante volontiers, et s'en va chez les musiciens. L'un
d'eux, le citoyen Bochet, rue Saint-Sébastien, est repré-

senté par lui en « pinceur de guitare ». Hua, le danseur de l'Opéra, lui doit une effigie. Augustin est au mieux avec Mademoiselle Mezeray, de la Comédie-Française, qui lui prête des romances. D'où ce poulet de la comédienne, retrouvé dans l'un des albums :

« Mademoiselle Mezeray souhaite le bonjour à M. Augustin et lui envoie les deux romances qu'elle lui a promises depuis longtemps. N'espérant pas avoir le plaisir de le voir d'ici à huit jours, elle ne veut pas du moins les lui faire attendre davantage ; elle le prie d'agréer ses civilités. 12 février 1796. » Encore une omission certaine dans la liste des peintures. Comment Mademoiselle Mezeray, qui est une femme à la mode, qui a de l'esprit et de la beauté, qui est en relations suivies avec l'artiste, — la preuve, c'est que huit jours lui paraissent longs, longs, — n'aurait-elle pas eu sa miniature comme d'autres, moins qualifiées ? Il est vrai que jamais Augustin ne s'arrête aux portraits donnés ; celui-ci n'eût sans doute pas été fort agréable à Madame Augustin, et n'eût point servi à majorer de beaucoup le total des recettes. Donc, il le passe ; il passe à peu près tous les « gratisse » (c'est ainsi qu'il nomme ses dons), et c'est grand dommage, les œuvres offertes ayant souvent une supériorité sur les autres par leur nature même. Ce sont, comme on dit, les enfants de l'amour.

En dix-neuf ans, de 1781 à 1800, autant que nous le confirment ses bordereaux de souvenir, l'existence du Lorrain a laissé peu de place à l'amusette. Tant en originaux qu'en copie de ces originaux, à 200 livres l'un dans l'autre, — souvent plus, parfois moins, — c'est 360 miniatures, au bas mot, qui nous sont indiquées : et ce n'est qu'une partie. Avec ce que nous ne savons pas, mais que nous soupçonnons, disons de 450 à 500 pièces, soit, par année, une trentaine, et, en gain, de 5 à 6.000 livres. Pour un célibataire rangé et sérieux, c'était l'aisance. Surtout après le Directoire, quand on hausse le taux des honoraires, ce ne sont pas encore les gros prix de l'Empire, 2,000 à 2,500 livres lorsqu'on s'adresse aux souverains ou aux princes de leur famille. D'autres ressources s'ajoutent d'ailleurs : les leçons en ville, les leçons à l'atelier, qui seraient en nombre ce qu'on voudrait, si on avait le don d'ubiquité. Tous calculs faits, Augustin, touchant à la quarantaine a eu, de profit, plus de 200,000 livres, et, les frais déduits, il lui en reste au moins 120,000. Matériellement, il est un parti fort sortable : physiquement, il est marqué, mais ses cheveux bruns lui restent, il a bon pied, bon œil, et s'il avouait quelque fatigue, ce seraient les rhumatismes dont il souffre, et les yeux qui n'ont plus le perçant de jadis. Moralement, sa situation est splendide ; il n'a pas de liaison qui compte, aucun engagement formel. Sa mère est âgée et vit loin de lui ; ses frères et sœurs sont en situation honorable. Il cherche femme.

Où et comment Augustin fit-il connaissance de la demoiselle Pauline Ducruet, née l'année même où lui venait s'installer à Paris, pendant le carême de 1781 ? Il a très exactement vingt-deux ans d'avance sur elle, ce qui n'est pas une différence petite. La jeune fille appartient à ce monde de fonctionnaires royaux qui achètent leur charge, comme aujourd'hui encore un notaire ou un avoué. Germain Ducruet, le père, est secrétaire du Roi, et, en 1781, les secrétaires du Roi sont 250 au moins, rien que pour Paris. La fonction n'est pas très définie en ce qui le concerne ; elle lui conférera une demi-noblesse au bout de ses vingt ans d'exercice, et Germain Ducruet deviendra le chevalier de Barailhon, du nom d'un pigeonnier avec domaine acquis par lui. Ducruet est originaire de Fussigny, dans l'Aisne, aux environs de Sissonne. Il a épousé Madeleine Cornus de La Fontaine, qu'on dit descendre du fabuliste. L'acte de baptême de la future d'Augustin lui reconnaît comme prénoms Madeleine-Pauline ; comme date, le 16 juin 1781 ; comme lieu de naissance, Paris, rue Traversière, 29, paroisse Saint-Roch ; comme parrain et marraine, Denis-François de La Loi et Madeleine Catherine Ledran, femme Méat, sa bisaïeule maternelle, laquelle, vu son grand âge, eût pu connaître La Fontaine.

La rue Traversière, où demeure la famille Ducruet, va, de la rue Saint-Honoré, gagner en biais la rue Richelieu. Il ne reste d'elle aujourd'hui que la partie devenue la rue Molière. Le n° 29 se trouve à la hauteur de l'avenue de l'Opéra ; il a disparu. Germain Ducruet y habite depuis 1775 ; il y est encore en 1788 et en 1789, mais il n'y est plus en 1792. Donc, au moment où Augustin

recherche la jeune fille, si le père et la mère vivent encore,
comme nous en avons la certitude, ils n'ont plus à Paris
qu'un pied-à-terre. Leur véritable résidence est Fussigny,
et c'est là que sera célébré le mariage. Les pourparlers
n'avaient point été longs. Le 20 messidor an VIII, tout
était réglé. les noces faites, et le couple Augustin s'ins-
tallait 15, place des Victoires, au domicile du marié.

Cette rencontre et cette union entre gens de situations
si différentes ne peuvent avoir eu pour point de départ
une amourette. Les âges sont trop loin, et Pauline a juste
la moitié des années de son mari. Augustin aura beau se
montrer. dans un émail à peu près de ces temps, la
figure pleine, l'œil vif et les cheveux bouclés, il a bien
ses quarante-deux ans. Elle, au contraire, avec ses yeux
clairs, son nez de Parisienne, l'abondance et l'insolence
de sa chevelure insoumise, est au plus beau de sa vie.
Elle a l'air décidé, le maintien déluré et d'aplomb. et
elle connaît ses avantages : elle n'est donc point fille à
s'amouracher d'un personnage qui serait son père, si elle
n'a une cause sérieuse. Comme mariage d'intérêt ou
union raisonnable moyennée par des étrangers, il y a
peu apparence. Les Ducruet, fonctionnaires et officiers
royaux, ne donneraient pas leur enfant à un miniaturiste
de prime-saut, ainsi qu'ils le feraient pour un garçon de
leurs relations. Ils ont une autre fille, Madame Rémon-
dat, dont nous ne savons pas grand'chose, et un fils,
marié également, puisque, aux fêtes de son mariage, en
1800, Augustin laisse le portrait d'un jeune garçon,

Porphyre Ducruet, dont le prénom reporte la date de la naissance au temps de la Terreur.

Pauline Ducruet, qui deviendra la meilleure élève de son mari, qui en arrivera à confondre sa manière avec la sienne au point de tromper, ne s'est pas mise au métier à vingt-deux ans. Elle avait des principes de dessin antérieurs, peut-être même, étant jeune fille, peignait-elle la miniature. La Révolution et les assignats n'avaient point augmenté le pécule des Ducruet; ils avaient dû quitter Paris, en 1792, assez précipitamment. On avait bien gardé Fussigny, on s'y était même retiré, puisqu'on y est pour la célébration du mariage Augustin ; mais les dots des filles étaient maigres. Alors, sans doute, avait-on poussé la jeune Pauline à apprendre un métier, et était-elle passée, comme tant d'autres, dans l'atelier du professeur le plus en renom d'alors, Jean-Baptiste Augustin, de Saint-Dié. Peut-être le petit roman avait-il pris naissance de cette sorte, car une élève subit facilement l'ascendant du maître ; nous l'avons assez vu à propos de Leguay, et pour d'autres. A la demande formulée par Augustin, les Ducruet avaient riposté par les enquêtes obligées, et c'est ainsi que le peintre avait dû combattre le désavantage des années, en leur opposant le solide de la situation. De l'argent, un renom grandissant, une famille honorable une santé parfaite. On ne discuta point longtemps.

De cette époque, divers portraits nous sont restés, aujourd'hui conservés par M. Pierpont-Morgan. D'abord un grand dessin à la pierre noire, montrant les médaillons superposés de toute la famille réunie à Fussigny : Germain Ducruet, sa femme, Pauline, Madame Remondat, la sœur ; une dame âgée, qui n'est pas Madame Augustin mère, et enfin Augustin lui-même. Puis c'est la miniature, extrêmement poussée, de Germain Ducruet, datée de 1801. De Pauline, une aquarelle, dans l'un de ses albums, où se retrouvent également Madame Remondat et le jeune Porphyre. Trois ans après, toujours à Fussigny, en 1804, la miniature de Pauline en robe blanche, coiffée à l'ébouriffée, — comme on disait « à l'esbrouffe », — œuvre jolie, polie sur l'ongle, poussée au plus loin qui se puisse. Toutes ces reliques, jointes à bien d'autres, aux croquis d'album où l'on voyait Augustin et sa femme en promenade, assis sur l'herbe, à l'orée d'un bois, avaient été réservées par Pauline après son veuvage et retirées de la vente de 1839. La lune de miel, qui eût pu durer très peu, se prolongeait au contraire et se perpétuait dans de communs travaux et des études incessantes. Aucun enfant n'était venu détourner leur pensée du but poursuivi, et les séparer l'un de l'autre. Ils ne se quittaient plus, et cet accord touchant et réglé eut, sur la seconde phase de la vie d'Augustin, une influence féconde et décisive. De célibataire autrefois un peu compromettant, d'artiste libre d'allures et de goûts, Augustin est devenu tout à coup l'homme posé qu'on invite « en la société de son épouse », et qui maçonne sa situation et l'étaye. Juste à ce moment, le monde du Consulat se refait une virginité de politesse et de manières :

on accueille avec joie ce peintre élégant et célèbre dont
la femme est plus du monde que ne sont la plupart des
« nouvelles promues ». Sans intrigue, par la force des
choses, on sera assez bien avec les plus grands personnages de l'État pour que, dès l'Empire instauré, quand
le maître rêvera de luxe et d'art, Augustin s'offre comme
le portraitiste indispensable. L'Empereur, qui a sur l'esthétique des aperçus d'officier de fortune, raffole d'émaux,
de peintures sur porcelaine et de miniatures. Il y aura
bien Isabey, mais il ne pourra suffire, et, en émail, qui
l'emporte sur Augustin ? La preuve n'est-elle pas fournie
par le propre portrait de l'artiste, daté de 1804, ouvrage
admirable, où revivent les décisions d'un Jean Fouquet,
les habiletés de rendu d'un Robert Nanteuil, jointes aux
techniques impeccables d'un Petitot ? Le visage du petit
de Saint-Dié s'est désempâté et éclairci ; la bouche s'est
amincie ; la myopie s'accentue et produit un soupçon de
strabisme très fin ; la chevelure est accommodée avec
recherche. Dans le vêtement, une élégance de seigneur
du nouveau régime, où l'on devine l'ingérence d'une
femme à qui l'absence de maternité laisse toute sa coquetterie.

En 1806, à peine le Desaix nu campé au milieu de la
place des Victoires, Augustin émigre ; il va tout près, au
n° 25 de la rue Croix-des-Petits-Champs. Il y avait neuf
ans que lui, d'abord, et tous deux ensuite, occupaient le
second étage du n° 15, en façade. Le local devient étroit,
car Augustin a une passion de vieux garçon, il collectionne.

Ses économies, ses petits bonis s'égrènent en tableaux de maîtres, en bibelots, en beaux meubles, et ces tableaux lui sont le conseil permanent et la récréation à la fois. Loin de le détourner de sa passion, Madame Augustin l'y pousse en s'y laissant entraîner aussi. L'origine de sa collection remonte à 1784, trois ans après son arrivée à Paris, lorsqu'il avait acquis de Greuze lui-même un buste de *Bacchante* et la *Jeune Fille effrayée*, gardées par lui dans leur fleur de pinceau. « Les mains dévastatrices et habituées à tout mettre en état de dégénération n'en ont jamais approché », écrit Charles Paillet dans le catalogue. Ceci, et plus de cent autres tableaux dont nous parlerons, réclament un emplacement plus digne.

Le 25 de la rue Croix-des-Petits-Champs est un immeuble de conséquence. Outre Augustin, qui a retenu le premier, elle héberge les frères Delafolie, marchands d'étoffes de soie, un avoué, un maître des requêtes au Conseil, un brodeur et un tailleur. Le salon, qui servira d'atelier de pose, est une belle pièce carrée à deux fenêtres, avec glace d'entre-deux, cheminée à la moderne dans le style de Percier, au plafond peint du xviiie siècle, représentant le *Lever de l'Aurore*, et plancher en mosaïque de chêne. Là, Augustin a disposé son mobilier en utrecht rayé jaune, la table de Boulle, avec incrustations de cuivre et dessus de mosaïque, sur laquelle il travaille, et la chancelière dans laquelle il enferme ses pieds de rhumatisant. Sur les murs, bout à bout, les tableaux anciens voisinent avec ses propres œuvres, ses miniatures laissées pour compte, comme Madame de Kerkado, ou ses portraits de parents et d'amis. Ces miniatures sont l'enseigne, les spécimens sur lesquels les clients choisiront leur pose, l'arrangement et les nuances.

Dans un coin, face à la lumière, un tirage en plâtre de la Vénus de Médicis, du Louvre ; celle-ci est, pour Augustin, le modèle des mains, dans la plupart de ses portraits de femme, jusqu'à celui de la duchesse d'Angoulême en 1820, qui a presque complètement la pose de la statue. C'est de la Vénus que vient le tic des mains sur le sein gauche, si souvent retrouvé dans les œuvres d'Augustin. Tout auprès de cette grande figure, sur un chevalet, une toile représente Madame Pauline Augustin en tenue de soirée. A l'entour, au hasard, sans autre ordre que la convenance des tons et celle des cadres, les Gaspar de Krayer, les Hals, les Schalken, les Van Balen s'alignent. Il y a un portrait d'Hortense Mancini, par Philippe de Champagne ; une duchesse de Buckingham, par Van Dyck ; des Téniers. Les Flandres priment, car, en Italiens, ce ne sont guère que des Bolonais, alors à la mode et recherchés, autant que dédaignés à cette heure. En œuvres françaises, un choix : quatre Largillière, dont la petite Infante promise à Louis XV ; le comte de Grignan ; le maître des requêtes Le Pelletier ; un Le Brun, un Mignard, le duc de Nivernais jeune ; un Nattier ; et, pour les contemporains, les deux Greuze ci-devant signalés, des fleurs de Berjon de Lyon, son ami ; deux petits tableaux ovales de Fragonard ; mais de miniaturistes, pas un qui vaille.

Par fortune singulière, Augustin a perpétué le souvenir de ce home illustre dans une grande aquarelle, passée au musée de M. Pierpont-Morgan. C'est ce que le talent du peintre nous a laissé de plus précis dans le genre, et de plus curieux dans sa présentation. Chacune des toiles s'y reconnaît sans peine. La pendule sous son globe, les flambeaux, les vases, l'installation du foyer de la cheminée en étagère, où s'aperçoit une tasse encore aujourd'hui conservée ; le soufflet ; le guéridon console, où sont des godets de couleurs à l'huile, avec la palette posée sur le couvercle. A gauche de la cheminée, 22 miniatures, parmi lesquelles on distingue très bien celle de Duvernoy, celle de Calamard, et d'autres plus indécises. A droite, c'est le dessin, à la pierre noire, des profils pris à Fussigny, la miniature de Germain Ducruet ; puis, derrière la Vénus, la grande miniature de 1795, représentant Augustin en tunique rouge d'homme libre, appuyé sur son carton à dessiner, ce qu'il considère comme son chef-d'œuvre, et qu'il donna à copier à ses élèves à maintes reprises.

Dans ce salon, à l'élégance vieillotte et raffinée, viendront donner une pose les personnages les plus qualifiés de la cour et de la ville, princes, maréchaux ou ministres. Il est rare, en effet, qu'Augustin se déplace, il tient à son jour, à sa table ; c'est un maniaque pour ses aises et sa tranquillité. Quel autre nous a jamais fourni le moyen de le juger aussi expressément et de pénétrer à ce point dans son intimité ?

Pour ce temps de l'Empire, Augustin n'a tenu registre de rien, ou du moins, ses listes ne sont point restées. Seulement, nous avons ses albums de projets, ses préparations de portraits, le plus souvent avec noms, dont on tire tout le profit souhaitable. Son mode d'opérer est connu. D'abord, en une première séance, la recherche d'une pose, l'accord entre le modèle et lui pour la chevelure, la toilette, les accessoires. Ceci fixé en un croquis au crayon, parfois embarrassé et sans audace, on convient d'un second jour, où l'on arrête définitivement la coiffure. Augustin sait trop qu'un arrangement de tête ne se revoit jamais pareil à deux séances d'intervalle, surtout chez les dames. Alors il fixe la première impression heureuse dans une petite aquarelle très fignolée, sur laquelle il ne reviendra plus. Ensuite, il n'a plus que la mise en place définitive, sur laquelle on applique les diverses études de cheveux, de plis d'étoffe et de mains. Il économise ainsi les poses et le temps, et n'a plus besoin de son modèle, sauf pour les perfectionnements réglés en dix ou douze heures. Ce sont ces albums qui nous renseignent sur le portrait de la reine Caroline de Naples, représentée sur un sopha et tenant un livre fermé. En premier lieu, il y eut le croquis, arrêté au crayon, avec des attitudes trouvées un peu gauches. Il revint et décida de la coiffure très simple, et commença un ivoire qui ne plut point. Il l'abandonna et le garda par devers lui, pour le reprendre sous sa forme définitive. Cette miniature admirable parut au Salon de

1808, où elle suscita des extases. Rien n'est capiteux, rien n'est plus délicieusemeni païen et suggestif que cette belle personne couchée, avec sa figure de Vénus romaine, ses mains et son corps voluptueux. L'œuvre définitive est passée au duc de Mouchy par les Murat ; elle a été merveilleusement gravée, de nos jours, par Léopold Flameng ; mais combien la gloire est peu ! Augustin, qui a occupé et intéressé deux générations d'hommes, qui fut peintre de l'Empereur et peintre du roi Louis XVIII, dont le nom fut aussi célèbre en un moment que celui de David ou de Gérard, Augustin est nommé *Valentin* dans la lettre de la gravure ! et le Valentin est consacré pour beaucoup de gens ; on trouve la gravure reproduite en des livres avec cette indication faussée, lapsus regrettable d'un graveur de lettres maladroit.

Entre la miniature terminée et la préparation sur ivoire du cabinet d'Augustin, acquise par M. Morgan, les amateurs sincères tiennent pour l'esquisse inachevée. En l'honneur de la princesse Caroline, grande duchesse, tout à l'heure reine, le peintre s'était déplacé et avait subi les remarques des gens de cour. Il fut moins libre dans ses volontés. Aussi ne s'étonnera-t-on point que l'ouvrage, une fois terminé, coûtât à la princesse vingt-cinq louis de plus, 2,500 francs au lieu des 2,000 stipulés pour des besognes de cette importance. Les cinq cents francs de surplus payaient le dérangement ; ce ne fut point une folie.

Le cahier des études d'Augustin lui assigne bien définitivement la qualité de peintre officiel de la Cour impériale. Eût-il été corniste, comme son ami Duvernoy, il eût reçu la Légion d'honneur. Ceci était bien dû à sa conscience et à son mérite ; car ce qu'il exécute pour les boîtes, données en cadeaux par l'Empereur ou l'Impératrice, ce ne sont plus de ces à peu près comme les Menus du vieux temps en ordonnaient, par centaines, aux premiers dessinateurs venus. Augustin tient à avoir des poses réelles ; il veut que la figure, les cheveux, les mains ou les attifets soient pris sur le modèle même. Isabey, qui faisait moins de façons, était choisi de préférence : aussi les tabatières avec portrait de l'Empereur sont-elles, le plus souvent, de ce dernier. Augustin n'avait guère vu Napoléon qu'une fois ou deux ; il en avait peint une sorte de cliché-étalon, sur lequel lui ou Madame Pauline, sa femme, tiraient des moutures de pacotille. Ses albums n'ont d'ailleurs conservé aucune trace de ce premier travail sur la nature. Il fut exécuté vers 1805, puisque une boîte avec figure de l'Empereur paraît, sous son nom, au Salon de 1806. Une autre fois, pour l'émail si extraordinaire de l'impératrice Joséphine, il copie tout bonnement le portrait de François Gérard, dit au diadème. En revanche, plusieurs membres de la famille impériale ont été étudiés dans l'album des croquis. Catherine de Westphalie s'y voit à deux reprises. Une préparation montre la coiffure de l'un de ses portraits ; une autre, inattendue et troublante, expose la princesse en angelot, la figure encadrée de deux petites ailes, pour un émail. Ceci est parfaitement ridicule, et note une fantaisie étrangère, à n'en pas douter. Par contre, une esquisse nous fournit un délicieux portrait de Pauline Borghèse, d'un goût, d'une simplicité adorables ; la princesse, offerte tête nue, parée d'un très modeste fichu croisé, avec, en pendant, le prince son époux, d'une modestie affectée et gauche. Eux, la grande-duchesse Élisa, le prince Eugène, la reine Hortense apparaissent dans de rapides études, assez rapides même pour que le peintre eût été obligé de noter en phrases brèves les couleurs à employer et les changements importants à faire.

Ce n'est guère une joie pour l'artiste que ces travaux à bâtons rompus d'après d'insaisissables grands seigneurs. Il y perdait son temps et sa peine, et n'en était pas content. Mais, à l'échelon immédiatement au-dessous, une clientèle plus maniable se présente à lui. La comtesse Legrand, en 1809, prise seulement pour les cheveux et la robe ; Charlotte de Talleyrand ; la princesse Schwarzenberg, femme de l'ambassadeur d'Autriche, dessinée pour la chevelure en 1810, à quelques semaines de l'incendie où elle trouva une mort épouvantable ; le prince, son mari, pour la tête et pour l'habit ; la comtesse de Montalivet, montrée en pied, dans une aquarelle définitive, différente pourtant de la miniature conservée chez Madame de Villeneuve. Madame de Montalivet est Lauberie de Saint-Germain ; elle a été fort remarquée par Bonaparte, et, dit-on, recherchée en mariage ; elle paraît plus jeune dans l'aquarelle que dans la miniature terminée, et sa pose est plus heureuse. Puis c'est la générale Tirlet ; la générale Rapp avant son mariage ; la comtesse de Brahé, femme de l'ambassadeur de Suède ; les enfants du maréchal Masséna enlacés, dont la miniature est aujourd'hui chez M. le prince d'Essling. Pour ces derniers, Augustin n'avait plus la mémoire bien nette ; il hésite entre les enfants Dittmer et ceux du maréchal ; ce sont bien les fils de Masséna. Et, de tant de morceaux peints par lui entre 1805 et 1814, — on n'en indique pas ici la vingtième partie, ce serait abuser des énumérations, — combien passent par les Salons de peinture ? quatre ou cinq à peine. En 1806, l'Empereur et le roi Louis ; en 1808, Caroline Murat ; en 1810, Nadermann, le harpiste ; en 1812, Vivant Denon, sur émail (à cette heure en la possession de M. le baron de Saint-Joseph), inscrit au Salon de 1810, mais que la maladie du peintre l'empêcha d'exposer avant 1812.

Qu'est cette maladie d'Augustin en 1810 ? Quelque avertissement de l'âge, troubles de circulation, arthrite, constatation brutale de n'être plus très jeune et de ne pouvoir tout se permettre, le travail d'arrache-pied surtout. Augustin est un transplanté, il a cinquante et un ans, tout à l'heure cinquante-deux, c'est le moment venu des précautions. S'il veut regarder en arrière, il a en peinture, en études, en leçons, fourni, par journée, de douze à quinze heures suivies. Sur un millier d'œuvres produites par lui, pas une n'est à regretter pour sa gloire, et cette gloire s'est dorée de trois quarts du million en argent, plus de 750,000 francs, toutes pertes déduites. La santé a suivi la marche inverse, c'est le lot de la plupart de ses congénères ; ses petites manies grandissent, sa passion de collectionneur, refuge de ceux qui n'en ont plus d'autres, accapare le temps réservé à la récréation ; ce ne vaut pas mieux pour l'hygiène. Mais, encore une fois, quel droit n'a-t-il pas d'être fier, le petit Lorrain ! Le succès, l'aisance, la considération, un ménage uni, que lui manque-t-il ? Il convenait que la vie lui avait été bonne, que tout lui avait souri, hormis que l'Institut national eût ouvert ses portes aux miniaturistes, alors qu'il les entrebâillait pour les acteurs, tel Grandmesnil. Et cela, plus encore que pour Isabey, parce qu'il en parlait moins et ne l'avouait pas, était pour Augustin une obsession, un découragement. L'homme est ainsi.

Cette exclusion lui était d'autant plus cruelle qu'il s'était mis dès la jeunesse à la peinture à l'huile, et que, tout compte fait, il n'y tenait pas une place si négligeable. Dans l'ancien temps, ses pareils, Hall, Vestier, Dumont, même Pasquier ou Weyler, avaient été agréés sans grand'peine. A journée faite, on le comparait à Petitot, et c'était raison ; nul n'avait une science plus assurée et un doigté plus subtil, Petitot compris. Pour s'en convaincre, on pouvait admirer l'émail représentant Joséphine de Beauharnais, celui de Vivant Denon, le portrait d'Augustin lui-même. Il ne lui semblait pas que beaucoup des peintres formant la section des Beaux-Arts à l'Institut pussent, en grand, parler mieux que lui en petit. Son scepticisme très marqué, son indifférence à l'égard des régimes que la France s'était donnés, avec un enthousiasme égal, depuis 1792, n'avait pas d'autres causes. L'Empereur, qui décorait plusieurs de ses confrères, le laissait en suspens. Lorsque les Bourbons étaient rentrés, Augustin ne fut pas le dernier à leur faire fête ; en arrière de sa joie, on sentait le secret espoir de voir les Académies royales rétablies sur le pied ancien. Ce ne put être, mais dès la première heure, le 15 septembre 1814, le roi Louis XVIII le nommait peintre ordinaire de son Cabinet, ceci sur le vu de trois miniatures, le Roi, le duc de Berry, le duc d'Orléans, commencées en mai et tout juste terminées pour le Salon de cette année, lequel s'ouvrait en automne. Naturellement, Augustin oubliait de se vanter de ses relations terroristes, de ses rapports avec David, comme il passait l'éponge sur les petits déboires financiers que lui avait valus sa clientèle aristocratique d'avant la Révolution.

Les Cent-Jours avaient bouleversé un temps les espérances d'Augustin. Pour son honneur, on ne le rencontra guère à la cour éphémère de l'Empereur pendant les trois mois du règne ruiné à Waterloo. Aucune œuvre de sa main, pouvant se rapporter à cette date, ne montre l'Empereur ou les siens dans ses albums. Même il ne lui en resta point d'inachevée, ce qui n'eût point manqué, au cas où, par la force des choses, il en eût commencé quelqu'une, arrêtée ensuite par les événements.

La Restauration, qui ne lui donnera pas l'Institut, le fera chevalier de la Légion d'honneur en 1821, peintre du Cabinet, et l'accablera de commandes officielles. Ceci ne fut point heureux pour son talent. Ces princes qui ont promené, pendant un quart de siècle, leur désœuvrement à travers l'Europe, n'ont, en esthétique, que des opinions indécises. Ils n'ont même pas cette superficie d'élégance que dix ans de gloire ont donnée aux parvenus du régime impérial. Ils contraignent Augustin à des caprices bourgeois, à des compromissions qui lui coûtent. Son style s'alourdit et tourne à la peinture sur porcelaine, que Madame Jaquotot impose au monde.

Il avait imaginé, pour le vieux souverain podagre, une effigie en Majesté assez pénible : le Roi coiffé d'un tricorne lampion à plumes, comme autrefois Louis XVI, avec la culotte de Henri IV, debout, la main sur une couronne. Tout autour, c'étaient des colonnes, des courtines, des attributs majestueux. Comme le dessin était destiné à une gravure, Augustin indique en marge que la tête a 2 pouces 2 lignes « de dessous le double menton au-dessus des cheveux ». Quant au duc de Berry, le prince populaire de la maison, qu'on s'acharne si drôlement à comparer au Béarnais, Augustin en fera d'abord un buste en émail, aujourd'hui au baron de Saint-Joseph, puis un en pied. Il projettera une duchesse d'Angoulême debout sous un portique, mais la gravure n'en est point commandée. On s'arrête à une autre, à mi-corps, où la princesse a pris la pose de la

Vénus de Médicis, avec le costume en plus, le diadème et les plumes des femmes de l'Empire. C'est l'estampe exécutée par Lignon pour le compte d'Augustin, qui en gardera la planche, et c'est sur un des prospectus qu'il lance à ce propos qu'il a jeté, de souvenir, la liste de ses travaux entre 1781 et 1800.

De cette date, Augustin n'avait conservé que peu d'œuvres terminées. Une était un chef-d'œuvre, le corniste Frédéric Duvernoy, daté de 1817, présenté assis de face, en habit de soirée, son cor à la main, ce cor en vermeil dont la frise de pavillon avait été dessinée par Percier, et dont l'embouchure était d'or. L'empereur Napoléon avait fait ce cadeau à Duvernoy en suite d'une audition où l'artiste s'était surpassé ; il ajouta la Légion d'honneur. Augustin avait gardé ce souvenir, et, à la vente de 1839, Pauline Augustin l'avait racheté.

Les Anglais, entrés en France à la suite des armées alliées, les Autrichiens, les Russes, les Prussiens, constituent la plus grosse part de la clientèle du peintre. Entre 1815 et 1825, à des dates diverses, il a exécuté les miniatures du baron et de la baronne Van den Steen, de M. de Beck, conseiller de l'empereur de Russie ; du Baron James de Rothschild, consul d'Autriche à Paris ; de Lady Elcho, de Madame Standish, de deux Mexicains, M. et Madame Arcos, venus de Quito, « à 4,000 lieues de Paris » ! Les distances émerveillent Augustin, il note, pour un autre, 7,000 lieues.

Puis ce sont : Madame Rhyner, de Bâle ; un Anglais,

M. Weld : Lord Bentinck ; Lord Cortney, en travesti du xvie siècle, pour un bal à la cour — le quadrille de Marie Stuart? Un prince russe ; Lady Fitz-Herbert, aujourd'hui au musée Wallace ; le commandant Schultisse ; Lord Stewart, ambassadeur d'Angleterre en France; le comte (?) de Mecklembourg ; M. Sergenise de Lima, le prince d'Ossuna, l'Honorable Curzon, Madame Pattle, de Calcutta, et vingt autres divers, venus de tous lieux, et dont la première visite est pour l'atelier de la rue Croix-des-Petits-Champs.

Aux mêmes dates, les Français sont à peine égaux en nombre, et encore ne sont-ils point tous de l'aristocratie. On devine que l'astre d'Augustin pâlit pour les Parisiens. Il donne cependant M. Villeminot, préfet, et Madame; le notaire Rousse, M. Rimondas, Madame Boulard, Madame Barbier, le comte Thibaut de Montmorency, avec une croix de Saint-Michel : Madame de Rivocet ; une danseuse de l'Opéra, « prise pendant qu'elle faisait une pirouette » : le maréchal Victor, le comte de Vestamy, et des croquis de quarante autres, retrouvés dans un album de Giroux, où Madame Augustin avait disposé sans ordre les esquisses de son mari.

En 1820, sollicité de toutes parts, Augustin avait passé le détroit et était allé s'établir à Londres. Les Anglais installés à Paris lui avaient donné espoir de gains considérables. Les croquis pris là-bas se sont égarés ; un seul nous reste : deux dames, dont l'une assise et accoudée à un guéridon ; l'autre est couchée sur le dossier d'un

« paphos ». Augustin précise l'origine, il écrit : « Fait en Angleterre. » Comme, cette seule mention exceptée, il ne parlera plus jamais de cette fugue, il y a lieu de penser que son art précis, un peu sévère, ne fut pas ce que les Anglais eussent attendu d'un Français. Ils en étaient restés à Danloux, à Violet, à Simon ; ceux qui voyageaient sur le continent avaient pris langue et s'étaient mis au diapason ; les autres ne comprirent point.

Après 1820, à soixante et un ans, Augustin perd de ses moyens. Il a dans les nouveaux venus des rivaux très déterminés. Ses qualités de jadis virent à la décadence ; il pousse maintenant trop loin le détail au détriment de l'ensemble. A travers ses loupes superposées, il voit menu ; ses coloris ont de la dispersion et de la raideur. C'est encore bien, ce n'est plus mieux. Un buste de Charles X. à M. Morgan, est en plein désarroi. On aura loisir de constater ce recul, si l'on oppose entre elles deux œuvres de taille égale, le statuaire Calamard, de 1804, et l'homme lisant, de 1825. Le Calamard grêlé, traité avec une liberté savoureuse, est un David de la bonne marque. Chaussard en parlait encore en 1806, et assurait que c'était « la plus belle tête en miniature qui eût jamais été peinte ». L'homme, assis de profil et lisant, est, au contraire, le triomphe de la science profonde et de la perfection lassante. Pas un ornement de la glace, pas un accident des vases de la cheminée, pas une lumière dans le fauteuil qui n'aient une valeur impérieuse et dominatrice. Or, c'est à la minute précise où le grand artiste perd un peu en talent et en pondération qu'il touche à la fortune. Ce n'est plus 200, 400 et 600 francs que valent de telles œuvres, c'est de 1,500, 2,000, 2500 et jusqu'à 3,000 francs qu'il obtient. Avec mains, paysage ou mobilier, — accessoires pour dire son mot, — les Anglais ou les Américains seuls peuvent se risquer à lui demander séance. En 1814, Augustin a reçu sa première médaille, qui équivalait à notre médaille d'honneur ; il avait eu la 2ᵉ en 1806 ! On ne connaissait pas les carrières « subites » alors, voilà qui le prouve.

Pauline Augustin soutient son mari, fatigué et désolé de sa fatigue ; elle se prodigue en petits soins touchants. Si indissolublement liée à ses travaux, elle en était arrivée à se confondre et à le tromper lui-même. On soupçonne que cette main pieuse et plus jeune apportait un réconfort que le patron ne devinait pas toujours. Il y a, chez M. Jean de Richter, deux portraits au crayon, homme et femme, signés *Pauline Augustin*, 1819, qui nous renseignent sur les soumissions de l'élève à son professeur. C'était chose connue et admise alors, car, dans la notice nécrologique consacrée par le *Moniteur universel* à la mémoire du peintre, Pauline était présentée comme « une épouse qui doit à ses leçons le beau talent qu'elle a acquis ». Un temps vint, après 1830, où ni travail, ni sorties, ni lectures ne furent permis à Augustin. Infirme et perclus, il était une proie facile. Comment le choléra vint-il chercher dans son lit ce pauvre corps débilité et misérable qui se cachait ? Le 13 avril 1832, il était mort ; on l'enterra au Père-Lachaise.

Depuis quelques mois, il avait dû abandonner son logement de la rue Croix-des-Petits-Champs. L'Indicateur de Cambon le signale comme y habitant encore en 1831. Il était venu au n° 3 de l'impasse Conti, entre la Monnaie et l'Institut, chercher un coin plus tranquille. Lui mort, sa veuve avait continué à habiter là sept ou huit ans. C'est dans cette maison que les jeudi 19, vendredi 20 et samedi 21 décembre 1839, eut lieu, par le ministère de Ch. Paillet, commissaire-expert honoraire du Musée royal, la vente « des tableaux anciens et modernes des Écoles d'Italie, des Pays-Bas et de France, dessins encadrés, estampes en feuilles et en recueil, table en mosaïque, plâtres d'atelier, tabatières précieuses, miniatures et émaux peints par feu M. Augustin, le tout provenant de son cabinet »... L'exposition avait été publique du dimanche 15 au jeudi 18, de midi à quatre heures.

Les miniatures de la main d'Augustin figuraient au catalogue sous les numéros 98 à 126. Elle restèrent à Pauline Augustin, qui les racheta pour la plus grande part. L'émail de Joséphine, le chef-d'œuvre, aujourd'hui à M. de Coincy : le baron Denon, au baron de Saint-Joseph ; le duc de Berry, au même ; Frédéric Duvernoy, à M. Pierpont-Morgan : Madame F..., à M. Stettiner ; le portrait d'Augustin en émail, regrets éternels pour le musée du Louvre, à M. Pierpont-Morgan, le général Westermann, à M. Fitz-Henry ; Madame Tallien, à M. E. Taigny, avaient tous été repris par la veuve, qui les joignit à divers tableaux de maîtres, choisis parmi ceux que son mari affectionnait le plus. Elle n'eût point voulu cette vente, mais elle dut se plier aux exigences des héritiers naturels de son mari. Le nid était bousculé à jamais.

Dumont eut, pour sauver ses reliques, le docteur Gillet, héritier de son petit-fils ; Isabey, Madame Rolle, amie et héritière de sa petite-fille ; Hall, Madame Ditte. Ce qui restait d'Augustin et avait été préservé par sa femme, miniatures, albums de croquis ou d'études, listes d'œuvres, tout est parti de France : et non seulement ce que nous venons de dire, mais les intimités, les portraits de lui ou d'elle, la vue de l'atelier, les beaux-parents, tout, jusqu'aux souvenirs et aux papiers. Il ne reste chez nous que l'émail de Joséphine, le portrait de Calamard, l'émail de Denon, une tête de Bacchus en camée, un homme inconnu en manches de chemise, que garde l'un des héritiers, M. de Coincy.

Son sacrifice consommé, Pauline s'était retirée à Arras, où elle mourut en 1865, âgée de quatre-vingt-quatre ans.

*
* *

Augustin, qui n'a eu de maître que la nature, qui ne procède de personne, procède en fait de tout le monde. Glaucus très averti, il s'est approprié des recettes, s'est assimilé des intentions que d'autres avaient eues avant lui. Il ne fait que les transposer et les grandir. Au plein

15

de sa réputation, il admet sur sa palette plus de vingt-cinq nuances diverses pour les chairs, quand, avant 1781, il se contentait d'une demi-douzaine. Il a le *vermillon*, les *laques* garance, rose, brune et cerise, les *précipités* vert et rouge, le jaune d'or ; trois *ocres*, ceux de Venise, de Wolfenbuttel et l'ocre de rue ; les *terres* de Sienne naturelle ou brûlée ; les *bruns*, le *bleu* d'outre-mer ou de cobalt, le *mars* bistre et violet, le *bleu* de Prusse et le *noir* d'ivoire, qui reviennent dans la disposition banale des palettes, comme le « nez rond » et le « visage ovale » des passeports. Pour les fonds, quelques particularités : le *cobalt*, le *jonquille* nº 3, le *jaune* capucine, le *jaune* de Naples, avec, tout naturellement, le *noir* d'ivoire et le *bleu* de Prusse.

La marche de son travail n'est ni spontanée, ni très libérale ; ses débuts lui ont laissé une timidité. Tandis que Hall ou Dumont couvrent leur ivoire en cherchant l'effet général pour revenir ensuite sur les détails, Augustin aime à ne donner les tons définitifs du visage qu'une fois l'entourage à son point. Cependant, rien en lui n'est irréductible. Il y a, dans la collection Alphonse Kann, deux œuvres de la jeunesse du peintre, — disons de 1790 environ, — deux esquisses de groupes non terminées, dont l'une montre une mère et ses deux fils, l'autre un père et ses quatre filles. Dans ces bijoux, les têtes sont à leur point et se découpent très nettes sur le fond d'ivoire nu. Ces deux pièces proviennent, dit-on, de la famille d'Augustin, mais elles ne figurent point à son catalogue, ce qui serait une preuve en faveur de portraits de la famille proche, soit des Ducruet, soit d'Augustin ; en 1790, les Ducruet, ce serait bien tôt, et les Augustin n'ont pas de ces attitudes de seigneurs. Quoi qu'il en puisse être, ce sont là deux pièces d'un intérêt hors ligne. Toutes deux ont conservé leur écrin de support en cuir, avec le pied qui permettait de les dresser comme un chevalet sur une table ou une cheminée. Les listes du peintre n'ont pas fait mention de ces objets. S'agirait-il là « des filles réunies en groupe et des fils de la présidente Bernard », lesquels étaient en tout huit personnes, juste le nombre de figures comptées dans les deux esquisses de M. A. Kann ? Serait-ce la famille de ce M. de Persigny, huit personnes également, qui n'a jamais payé les 420 livres convenues pour le travail ? Rien ne le confirme, ni pour les uns, ni pour les autres, mais les noms importent peu si les miniatures sont des chefs-d'œuvre ; et elles le sont.

Pour sa préparation du portrait de Caroline de Naples, en 1808, même jeu encore. La tête seule sera poussée, au centre d'un ivoire à peine touché par ailleurs. Son mode d'opération est bien celui des très anciens peintres en miniature qui, tantôt réservaient la tête et les mains de leurs personnages au milieu d'accessoires terminés, tantôt ne donnaient que les visages et mettaient l'entourage à l'unisson. C'est d'impulsion, au hasard, qu'il tient ces marches opposées, suivant la lumière qu'il a ou les facilités de pose qu'il rencontre. Dans les groupes, il convenait d'avoir d'abord toutes les figures ressemblantes, car, les fonds une fois terminés, la moindre physionomie manquée détruisait et ruinait l'ensemble. L'esprit méthodique d'Augustin faisait entrer tous ces aléas en ligne de compte, il était de ceux qui n'aiment ni tâtonner, ni attendre les réussites fortuites.

Ce tour de force des groupements, qui en désarçonnait tant d'autres, est pour lui un excitant. Il s'y prenait adroitement, en préparant l'un après l'autre chacun de ses personnages dans la pose arrêtée sur le croquis général. Ensuite, au moyen de calques, il les disposait avec élégance et mariait leurs attitudes entre elles. C'est toute la raison de ces études de cheveux, de mains, de robes, de ces croquetons à la mine de plomb déterminant les allures respectives des modèles. Certains ne se pourraient comprendre s'ils devaient figurer seuls dans une miniature ; ils ont des déhanchements inexplicables pour des solitaires.

Nous l'avons dit, la coiffure est une de ses préoccupations ; il fixe la forme éphémère, qui serait sûrement perdue à la pose suivante. Ces documents sur nature, il les multiplie à un point que bien peu de portraitistes avaient tenté avant lui ; malgré qu'il le nie, Ingres aura demandé à Augustin tant de pratiques, que les contemporains même en conviendront. Voilà où la gloriole un peu trop répétée « d'élève de la nature » trouverait son excuse. Obligé de tout prendre au modèle, puisque les ficelles d'atelier lui manquent, Augustin n'omet aucun détail et n'esquive aucune difficulté. Il ne fera point, à l'aide de subterfuges et de roueries, disparaître les mains de son modèle, comme un écolier cachant son livre de leçons ; il donne au contraire une prééminence à la main ; il la veut élégante, souple et bien à sa place. Toutes les pages de ses cahiers contiennent des études de ce genre, non de mains quelconques, mais de mains d'un modèle déterminé. Les mains ont pour lui un esprit singulier, leur personnalité propre ; elles ont des qualités plastiques et des qualités morales ; elles sont franches, fausses, accueillantes ou réservées. A distinction égale entre deux femmes, la main est la démarcation sûre et l'annonce de la race. Augustin, qui sait admirablement faire exprimer a une tête les petites préoccupations intérieures, demande à la main bien plus encore. Toutes les coquettes de marque savent ceci, mais il en coûte beaucoup d'argent de se vouloir des mains. On y tient si l'on est Madame de Montalivet, la reine Caroline, Mademoiselle Bianchi, Lady Elcho ou la duchesse d'Angoulême. Chez Lady Elcho, dont une esquisse au crayon sur ivoire est chez M. Morgan, les mains révèlent une âme indolente et endormie. Les mains sur le cœur qu'on lui voit sont d'essence romantique ; l'idée en vient, comme on disait, de la Vénus de Médicis en plâtre, installée dans l'atelier du maître. Elles seront pour lui comme une signature, et ceci, il l'a avant que Girard ou Isabey y eussent songé. Dès 1790, il a mis cette formule dans son petit arsenal de secrets, et il l'exploite volontiers. En 1792, il

place à la hauteur du sein gauche l'une des mains fouil-
leuses et gamines de la petite dame au chapeau pointu
retrouvée dans la collection Fitz-Henry ; l'autre s'est
laissée choir négligemment le long de la jupe. Sans doute
on sent que le brave artiste n'a point indéfiniment des
gestes à ses souhaits, et qu'il évolue dans une fourniture restreinte. Pour bien dire, même, il a toujours un
peu de crainte, car, la main manquée, tout est à
reprendre. Sans mains, un portrait, c'est tant ; avec
mains c'est le double. En réalité, une figure et deux
mains sont trois portraits, en travail et en recherches.

Il tient la chevelure pour fort importante aussi ; il sait
combien un arrangement, relevé ou bas, transforme une
physionomie ; il reconnaît donc aux cheveux une signi-
fication tout aussi difficile à surprendre dans son terme
vrai que les traits d'un visage. On appelle, en sa présence, le maître coiffeur, et c'est ce qu'il trouve bien
qu'on adopte. Tout aussitôt il prend son crayon et ses
pinceaux, et, sur un papier jaunâtre, il fixe, ainsi qu'en
une photographie, le modèle adopté. Faut-il répéter que
ses albums sont remplis de ces têtes coiffées, compliquées ou simples ? Simples pour Caroline de Naples, Pauline Borghèse ou la princesse Schwarzenberg ; compliquées, empanachées, fleuries, comme plus tard sous
la Restauration, pour les Anglaises, pour les rasta-
quouères du Chili ou du Brésil, même pour les dames de
la duchesse de Berry, entre autres cette belle marquise
de Podenas, une des femmes d'honneur, dont le front

est un parterre de marguerites et de roses. Tant de mal qu'il se donnât à conserver aux brunes leur piquant, aux blondes leur langueur, il ne trouvait pas grâce devant les écrivaillons : « Augustin fait très bien la miniature, expriment béatement les *Petites Vérités*, mais ses portraits n'ont point d'expression et manquent généralement de vigueur. » Dirait-on plus de sottises en moins de mots ? Ceux qui les écrivent ont soin d'ailleurs de se qualifier « une société d'envieux, d'intrigants et de cabaleurs », sous lesquels il n'est point difficile de deviner Sylvain Maréchal et Fabien Pillet. Cela n'a donc aucune importance, car reprocher son manque de vigueur à l'artiste qui nous a donné Calamard ou Duvernoy, qui a peint en des formats microscopiques des tableaux complets, avec personnages de second plan, paysages de fond et architecture, ce n'est que bête. Car, ce paysage, il ne le prend pas à la façon de certains sur des paravents, au petit bonheur, il s'en va l'étudier sur place s'il faut, et ses esquisses ont, sur ce point spécial, une ampleur et une vérité que les plus braves de son temps ignorent ou dédaignent. Un de ses cahiers renferme une vue de la ville de Montdidier qui est un morceau incomparable. Il faut remonter à Jean Fouquet ou descendre jusqu'à nous pour retrouver rien qui cadre avec cette œuvre attachante et imprévue. Eût-il voulu composer des scènes à la Blarenberghe, il aurait été, là aussi, l'un des premiers. Par amusette quelquefois, ainsi que dans un remarquable portrait de Mademoiselle Bianchi, cantatrice italienne de l'Opéra-Bouffe, peint par lui en 1802, il demande à un autre, Mérimée le père, une vue de la campagne romaine. Mais, très sûrement, Mérimée n'a fourni que le dessin, Augustin l'a traduit en miniature.

Sa célébrité lui avait valu d'ardentes jalousies ; il était de ceux à qui les ratés ne pardonnent guère, parce que, le trouvant brave homme et tout simple, ils se mettent sur le même pied que lui et s'étonnent de n'être pas au moins ce qu'il est. Toutefois, ses admirateurs et ses amis se présentaient en cohorte plus serrée. La notice nécrologique du *Moniteur*, à la date du 8 mai 1832, trois semaines après sa mort, n'exagère point en le présentant comme un brave cœur, obligeant et doux envers les quémandeurs de conseils. Hall et Dumont, et combien d'autres ! s'étaient formellement écartés des importuns ; ils composaient leurs œuvres dans le silence et la retraite. Ils eussent cherché la pierre philosophale qu'on n'eût pu les savoir ni mieux cachés ni plus sévèrement défendus contre les indiscrétions. Sollicité par son jeune compatriote Isabey, Dumont l'avait bonnement éconduit. Augustin est tout le contraire. A trente ans, après dix ans seulement de séjour à Paris, il a un atelier et des élèves. Un même compte déjà : Jean-Antoine Pinchon, fils des Pinchon qui l'ont accueilli et hébergé lors de son arrivée à Paris. Jean-Antoine sortait de l'atelier de Vincent ; Augustin le mit à la miniature. De 1795 à 1800, Pinchon expose à tous les Salons. L'une de ses

pièces de début, naïve encore et assez gauche, et signée
J. Pinchon, 1795, représente un mirliflore de l'an IV,
dont on a voulu faire un Fouquier-Tinville jeune. La
date semble éliminatoire, car, en 1795, où est Fou-
quier ? A six ans de là, Pinchon aura pris des forces, et
son talent s'étant affirmé, il part pour la Russie, où les
Français sont assurés d'un bon accueil.

En 1801, J.-A Pinchon est peintre d'Alexandre Iᵉʳ et
de l'impératrice Elisabeth. Le comte J.-S. Chérémetieff
possède de Pinchon les portraits de l'Empereur et de sa
femme peints vers ces époques ; ce sont des constatations
décisives ; Pinchon est un élève remarquable d'Augustin.
Au cas où ces médaillons fussent restés anonymes, il
n'eût point été sot de songer au maître. La signature est
là, mais elle a du vague, car en 1904, à Pétersbourg,
lors d'une exposition où figuraient les deux miniatures,
Pinchon se nommait *Pinchow*, et l'on en faisait un
Anglais !

Dans sa garçonnière étroite du 22, rue Saint-Étienne,
Augustin n'avait guère moyen de loger des élèves en
nombre ; une jeune fille eût acquis mauvais renom de
s'y risquer. Il fallait donc que, pour celles-ci, il se dépla-
çât et courût le cachet à domicile, ce qui lui faisait perdre
un temps énorme. Il avait eu, de cette sorte, diverses
élèves femmes, Alexandrine Orcelle entre autres, l'une
des premières, qui habitait assez près, rue Hauteville, et
qui exposa, en 1796 et en 1799, des cadres de miniatures
dont Augustin eût pu réclamer une bonne part. Puis il

avait dirigé les travaux de Mademoiselle Chaceré-Beau-
repaire, rue Neuve-Égalité : mais celle-ci habitait avec
ses parents, et ses visites à l'atelier se passaient en présence de la mère. Rien ne nous est resté de Mademoiselle
Chaceré, qui envoie pourtant de nombreuses miniatures
aux Salons de 1798, 1799 et 1800. Entre 1800 et 1827,
elle disparaît, et tout à coup, après ces vingt-sept ans,
elle revient sous le nom de Madame Gaillard. Sa disparition s'explique ainsi : après 1800, elle s'est mariée, a
eu des enfants à élever et s'est consacrée à leur éducation. Puis le ménage eut des gênes et l'on dut reprendre
le collier de misère ; cependant, rien qui marque, sauf
en 1817, un passage au Salon.

Une autre élève fut Henriette-Césarine-Flore Davin,
mais celle-là est, dès l'origine, une femme mariée qui
travaille pour vivre. Elle est née en 1773 et mourra en
1844. Ce qu'elle demande à Augustin, c'est bien moins
un perfectionnement dans l'art de miniature, qu'une gym-
nastique d'enseignement. Césarine Davin expose de
1798 à 1819 ; elle débute par des portraits qu'elle a soin
de nommer : la citoyenne Sallantin, femme d'un acteur
de Feydeau ; sous le titre *Amour paternel* et *Amour
maternel*, elle montre son mari et deux de ses enfants,
elle-même et son dernier né. Madame Davin se peut
réclamer d'Augustin sans craindre la médisance ; d'ailleurs le *Mercure de France* de 1802 la prend pour un
homme et la célèbre au masculin. Successivement elle
habite rue du Doyenné, rue des Filles-Saint-Thomas, 3

et 56. En 1800, elle peint un de ses enfants au milieu d'un paysage ; elle provoque la « sensibilité » dans un sujet : « Une jeune personne affligée du sort de Clarisse Harlowe, dont elle lit le testament. » En 1801, c'est le portrait du citoyen Suvée, directeur de l'École française de Rome, plus « un enfant préférant les armes à tous les objets de son instruction ». Comme on l'a déjà dit, le but de Césarine Davin était bien moins de produire que d'enseigner. Elle avait ouvert, 5, rue d'Orléans, un atelier de dessin et de peinture pour dames, qui fut l'un des plus suivis sous la Restauration et la Monarchie de Juillet, et qui ne ferma qu'en 1844. Sur ce fait, elle fit une rude concurrence à son maître.

Par Madame Davin et par Sophie-Clémence Delacazette, l'art d'Augustin pénétra dans l'éducation des femmes du monde, et créa une tendance dont les générations suivantes subirent très longtemps l'exclusivisme. Sophie Delacazette avait d'abord pratiqué pour son compte. Sur son début, elle a travaillé à l'atelier de Regnault, puis elle vint chez Augustin, alors marié et installé plus à l'aise 15, place des Victoires. Elle est l'aînée de Madame Davin, étant née à Lyon en 1772 ; mais elle ne figure aux Salons qu'à partir de 1806 ; elle y sera encore en 1838, et mourra très vieille dame en 1854. L'un de ses portraits les plus connus fut cette Signora Barilli, cantatrice italienne, représentée en robe de soie et tenant une partie de musique, dont Masquelier grava une estampe tout à fait séduisante. C'est bien là de l'Augustin, et non dans ses mauvais jours. Elle a signé *Sophie C^{lle} Dela-cazelle, 1814*, une miniature aujourd'hui au Louvre, qui ne rappelle pas la Barilli, à beaucoup près. Ses succès d'artiste lui vaudront une médaille de 2e classe en 1819 et en 1829. Pour ses envois aux expositions, elle choisit des acteurs : en 1806, Mademoiselle Crespi; en 1808, Garat, M. et Madame Barilli; Madame Morandi, dans le rôle de Suzanne. A part M. Angelo, secrétaire-interprète à la légation ottomane en 1810, elle ne nomme personne qui n'appartienne au théâtre.

Lorsqu'on aura indiqué Madame Marie Jaser, laquelle se réclame detrois maîtres, Augustin, Isabey et Aubry, et peint d'assez ordinaires figures, ouvrages de dame visiblement contrainte par ses professeurs ; quand on aura signalé Fanny Charrin, dite Fanny tout court, aperçue chez Leguay, ce sera bien tout ce qui vaut une phrase parmi les élèves d'Augustin. Fanny a été représentée par le patron en une esquisse hâtive, sur ivoire, au beau milieu d'un parc à allées, terminé par un temple de l'amitié. Fanny Charrin est une brune décidée qui a, dans ce petit tableau, pris l'attitude d'un chef commandant l'assaut. Cependant elle ne commande rien, elle indique simplement de la main le temple de fond, campé au faîte d'un tertre. Elle a écrit sur le sable d'une allée : « La reconnaissance m'y conduit. » Sur le fronton du temple, on lit cette légende: « Temple de l'Amitié. Fanny en connaît toutes les issues. » Travaillant pour une artiste, Augustin s'est contenté de préparer à l'aquarelle les terrains et le paysage. La tête et les mains de la jeune femme sont fort avancées et presque définitives. C'est très souvent qu'il entoure ainsi un visage terminé d'accessoires en vrac, telle la peintresse adorable de la collection Alphonse Kann. Celle-ci est une très jeune personne, occupée à faire sa palette. Elle a un maintien sévère et froid. Grâce à la pratique très libre, ce morceau passerait pour l'une des plus concluantes études : on sent que ce pourlécheur a, s'il veut, des crâneries de pinceau tumultueuses et aussi franches que celles de Hall. Le reste des élèves d'Augustin sont des oisives demandant à la miniature ce que d'autres réclament du clavecin ou de la harpe, une manière de tuer le temps. Certaines, parfois, ont un moyen talent : Madame de Silvy, Madame Chardon, née Vernisy ; Madame Dumény, Madame de Nettancourt ; même, puisqu'il faut tout dire, Henriette-Sophie de La Fontaine, dame de Coincy, fille d'une sœur de Madame Ducruet mère, donc cousine d'Augustin, par alliance. Celle-ci est avant tout une maman. Elle est née en 1763, et quarante ans après, en 1803, elle a huit enfants, tant fils que filles, qu'elle aligne en brochette sur le couvercle d'une boîte d'or. L'idée de la composition venait d'Augustin ; il en avait cherché le sujet ; mais ce qu'il imagina, dès l'abord, montrait Madame de Coincy au milieu d'une marmaille indisciplinée, dans un croquis sommaire. Le croquis d'Augustin, la boîte de Madame de Coincy sont à cette heure en la possession de M. Morgan, collectionneur inexorable.

Une de ces élèves femmes fut le chef-d'œuvre de l'atelier Augustin ; par malheur, elle sort un peu de notre cadre. De son nom de fille, c'était Lisinska Rue, devenue Madame de Mirbel. Un tel nom d'artiste suffit à la gloire d'un professeur et à l'illustration d'une école. Sous la Restauration, le renom de Madame de Mirbel éclipsa un peu celui de son mentor. Depuis Madame Vigée et Madame Guiard, aucune femme n'avait tenu pareille situation chez nous.

Pour les élèves hommes, l'atelier d'Augustin est une famille. Le maître a ses disciples de prédilection, choisis parmi les pauvres, qu'il loge parfois. Ce sont là les adoptions sentimentales des ménages sans enfants. En 1804, c'est Alexandre de La Tour, dont le nom passera aux livrets des Salons de 1804-1810, sans beaucoup soulever d'enthousiasme. Or, l'adresse que donne La Tour, c'est d'abord le 15 de la place des Victoires, puis le 25 de la rue des Croix-des-Petits-Champs. De ce garçon un peu effacé, bien peu de chose à dire ; il est le chien fidèle, le complaisant, celui qui sait où tout pose et se trouve là pour le donner. Si le patron est fatigué ou s'il travaille, si Madame Augustin est retenue près des jeunes filles, La Tour surveille les jeunes gens, et, au besoin, risque un conseil. Augustin est fier de n'avoir pas eu de maître ; il n'est pas moins fier de montrer aux autres ce qu'il sait. En 1806, G.-E. Lami s'ajoute à La Tour ; c'est un pauvre diable sans nulle santé, sans ressources, qui s'attache éperdument à ce couple du bon Dieu. Lami n'expose qu'une fois, un portrait de M. Delor, ou Salon de 1806 : ce n'est guère, mais les services qu'il rend sont appréciés, et il sera tantôt plus indispensable que La Tour.

C'est environ le temps où le vicomte Henri Desfossez fit chez Augustin une station de quelque longueur, comptée pour un sauvetage. Desfossez, en effet, a été officier autrefois ; il avait trente-six ans en vendémiaire an VIII, et s'était, dans sa jeunesse, un peu toqué de Greuze et de Hall, qu'il démarquait sans pudeur.

Hall, en 1804, après la violente rupture de 1793, c'était, comme pour nous Winterhalter, un fossile. Une légende, qui ne lui valait pas grand'chose alors, voulait que Desfossez fût allé au Temple pour y peindre le Roi, la Reine et le Dauphin. Cela faisait un de plus, car on sait la légion de peintres qui se targuèrent de pareille audace, vingt ans après ; on les vit presque aussi nombreux que les preneurs brevetés de la Bastille ; mais Desfossez avait brodé sur son cas ; on parlait de boîte à double fond où l'on avait cloué les portraits pour les sortir du Temple. Après coup, tout cela est bel et bon, et n'intéresse que les romanciers historiques, dont nous avons, à cette heure, bon nombre. La vérité est que Desfossez n'a pas un talent énorme et que sa personnalité fuse, à droite ou à gauche, suivant la direction du vent. Ce que nous savons de l'une de ses manières est assez bizarre. Il avait regardé Gault de Saint-Germain. Sauvage ou Bourgeois, lorsqu'en 1794, il peint sur une boîte le profil opalin.

transparent, d'une jeune femme qu'on crut être la princesse de Monaco, née de Choiseul. La pièce est aujourd'hui à M. Alphonse Kann ; elle est signée H. D., 1791. Elle montre un très distingué petit museau de dame coiffée et poudrée en boucles cascadeuses, avec une coiffe de linon à l'orientale, nouée sur le front. Cette symphonie de blancs a de l'étrangeté et de la saveur, sans plus. Mais après ? Pour la période où Desfossez trouve Augustin et se met à le parodier, comme il l'avait fait pour Greuze, pour Hall et pour Sauvage, quels documents ? Aucun qui donne la sécurité. Augustin adore ces adhésions formelles à son talent ; il sait gré à Desfossez de l'avoir à ce point admiré et suivi, et de le refléter comme une glace. D'ailleurs, leur intimité dura peu ; sans qu'il eût pu désencombrer sa manière des leçons trop bien sues, Henri Desfossés mourait en 1808, à peine âgé de quarante-quatre ans, ne laissant de lui que des portraits vagues, qu'on a coutume de reporter à Augustin dans ses jours de faiblesse.

Nous avons déjà trouvé Fontallard ci-devant, à propos de Hall ; ce n'était pas dans sa phase glorieuse ; mais il faut tenir compte aux gens des temps où ils vivent. Lorsque Jean-François-Gérard Fontallard repassait en couleur les Hall dégradés, c'était à la sollicitation de marchands ou même de parents que les visages d'ancêtres un peu ruinés offusquaient très fort. Mais Fontallard, élève — et l'on pourrait justement dire le meilleur élève — d'Augustin, eut d'autres mérites que celui de rapetasseur d'œuvres et de rebouteur de tares. De huit ans moins âgé que Bonaparte, et comme lui lieutenant d'artillerie en des moments où l'on ne « moisissait » pas dans un grade, il avait démissionné en 1805, par dépit de n'être pas colonel au moins. S'il ne l'était pas, la faute en fut un peu à lui-même, qui préférait trop ostensiblement le crayon à l'épée, et qui le chantait sur tous les tons. Pourtant, lui était de famille militaire, né à Mézières en 1777 d'un père capitaine de grenadiers et chevalier de Saint-Louis. Toute son enfance s'était passée à entendre célébrer les exploits de guerre. En 1795, il lui manqua des années. Il touchait à ses vingt ans au beau moment des campagnes du Directoire ; les belles places ne traînèrent pas. Avec le feu sacré, il se fût tiré d'affaire, mais il en manquait à fond, sauf qu'on l'aperçût dans l'atelier de David, où son uniforme faisait sensation. Il habitait 1, rue Saint-Martin et sortait à peine des écoles lorsque, au Salon de 1798, il exposa un portrait en pied. Déjà il avait fréquenté Augustin ; il aimait dans celui-ci la marche assurée, le calme audacieux et son joli mépris de la difficulté. Aux murs de l'atelier d'Augustin, il revoyait le portrait du patron daté de 1795, et il se persuadait que, même en taille de nature, cela n'eût pu être mieux. En 1799, dans un portrait de femme hors des dimensions reçues, il avait surtout cherché à produire cet effet et à donner l'impression d'une grande peinture. En 1801, avec un homme jouant de la harpe ; en 1803, avec un sujet léger, « une nymphe

16

essayant la flute de Pan », mêmes tentatives. Pas de batailles rangées qui le pussent passionner autant que ces « succès frivoles ». Dans le courant de 1803, en prévision de quitter le service, qui lui était devenu la pire corvée, il était allé se loger au 18 de la rue Saint-Denis. De là, il envoyait au Salon son propre portrait en grand format (1806), plus des cadres où figurait le général R..., membre de la Légion d'honneur. Jean-François Fontallard est marié alors, car lorsqu'il exposera, en 1810, le portrait de « M. G..., ancien capitaine invalide, et de sa petite-fille », il s'agit du père Gérard et la fille de Fontallard. Quant à son fils Henri, — lequel sera artiste à son tour et deviendra le caricaturiste Henri Fontallard, — on le voit au Salon de 1812, jouant de la flûte. Ce portrait excellent, et si près d'Augustin en tout, appartient au descendant du peintre, M. Bugnicourt, peintre lui-même.

Par cette miniature de jeune garçon et par un portrait de femme, plus petit, conservé chez M. le comte Mimerel, et qui est bien l'effigie la plus résolue, la plus impertinente qu'on voie, Fontallard exprime tout ce qu'il doit à son maître. La figure de femme, surtout, est la révélation d'un talent à la fois minutieux et large, que très peu d'artistes sauraient montrer. La dame, avec sa figure lourde, hommasse, ses cheveux emberlificotés de diadèmes, tendus comme des cordes à violon, avec ses bijoux, ses satins de boulangère parvenue, présage les Ingres de notre époque. Malice, ironie d'abord, conscience ensuite et philosophie, tout s'est donné rendez-vous dans ce petit morceau de très grande façon. Petit art ceci? Ne le disons jamais, ce serait une sottise. Quel professeur, cet Augustin, lorsqu'un élève lui venait avec la solide assise prise chez le citoyen David !

La carrière de Fontallard fut longue, trop longue peut-être pour son renom. A la fin de sa vie, en 1858, il en était aux partis pris de colorations dont les vieillards sont coutumiers. Il peignait lie de vin, et c'est un peu sur ces choses décadentes que notre génération le juge avec injustice. Fontallard fut un miniaturiste de premier plan, mais, à l'exemple de son patron, il collectionnait. Il recherchait avant l'heure, avant les Goncourt, les vases de vieux Japon, les images, qui devinrent, longtemps après une passion d'inoccupés et de snobs. Qui nomme jamais Fontallard à propos du Japon? Qui sait même que la plupart de ses miniatures étaient peintes avec des produits d'Extrême-Orient ? Ce n'avait pas été d'ailleurs le meilleur de son affaire, car c'est de ces produits exotiques que ses œuvres tenaient leur aspect barbouillé et sale tout à la fois. Ce fut un sauvage. Son atelier était aux Batignolles, et lorsqu'il y mourut en 1858, personne de la famille n'était plus là. Sa femme et ses deux fils, morts tous trois ; ses petit-fils voyageaient au loin. Les études, les papiers, les japonaiseries, accumulés par lui pendant quarante ans, s'envolèrent à vil prix. Son souvenir lui-même ne tarda point à disparaître. Pourtant, avec Madame de Mirbel, morte en 1849, il avait été le véritable continuateur et souvent le rival d'Augustin dans l'art de la miniature française. Combien de seigneurs moindres ont leur statue !

Ni Antoine Pennequin de Douai, autre enfant chéri de la maison ; ni Alexandre de Lestang-Parade, Provençal exubérant, lui aussi adonné à la « grande miniature » ; ni Palun d'Astorg, ou Wagon, ou Sicurac, n'atteindront au niveau de Fontallard. De ceux-là, Pennequin, dont le domicile est rue de La Harpe, disparaît de la circulation en 1806. Lestang-Parade, venu d'Aix, qui expose entre 1803 et 1812, qui donne un portrait équestre de Napoléon, une actrice dans le rôle de Ninon, et qui aura une célébrité moyenne, ne franchit jamais la barre fatale. Palun d'Astorg, rue Helvétius, 48, meurt très jeune. Wagon ne se produit pas ; quant à Sicurac, né à Cadix, mort en 1832, il ne prend à Augustin qu'un peu de grammaire. Par contre, Dupré, le graveur en médailles, lui devait le meilleur de soi ; c'est une des plus nobles formations d'artiste qui fussent sorties de l'atelier d'Augustin. Ce dernier en ressentait une vanité légitime. Quel monde soulevé par le Lorrain, depuis la descente du coche en 1781 !

Ici, un problème. Qui donc pourrait être cet Augustin, dit Dubourg, né à Saint-Dié, lui aussi, lequel se montre à Paris concurremment avec Jean-Baptiste, et que les historiens de la miniature mêlent assez volontiers avec lui ? Sur ses origines, tout est brumeux, sauf au Salon de 1798, une mention égarée dans le supplément du livret : « Dubourg (Augustin, dit), né à Saint-Diez. département des Vosges, rue François, n° 434. » Rien que ceci nous rassure sur son état civil. Dubourg n'est pas Augustin, puisque, à cette date, Jean-Baptiste habite au n° 22 de la rue Saint-Étienne. En 1791, à l'époque où Dubourg débute au Salon des Artistes libres, rue de Cléry, son adresse est rue des Prouvaires ; l'autre est encore au café David, rue Saint-Honoré. Le départage est donc définitivement établi : Augustin dit Dubourg, lequel signe *Dubourg*, quoique venu de Saint-Dié aussi. n'est pas J.-B. Augustin. Est-il son frère? Pas qu'on sache. L'âge des deux artistes est le même. Jean-Baptiste expose comme l'autre, en 1791, rue de Cléry, pour la première fois ; il envoie un cadre de miniatures sous le n° 104 du livret; Dubourg, un autre cadre de 18 pouces sur 15, sous le n° 132.

De ce côté, l'hésitation n'est plus possible, et désormais nous n'entendrons plus prononcer « que Augustin et Dubourg, c'est la même chose ». Que Dubourg soit un parent de l'autre, il y a vraisemblance moyenne. Le patronymique Augustin n'est pas courant, même à Saint-Dié. Pour la valeur respective, on aurait moins de décision, et de cette incertitude était née la confusion. Heureusement, les signatures sont là. Chez M. Doistau, une miniature, possiblement envoyée à la rue de Cléry en 1791, représente une jeune femme pinçant de la guitare. L'attestation d'origine est bien formelle, il n'y a pas à se tromper : *Augustin Dubourg, 1790* y est inscrit en lettres d'or. C'est le mode employé par Dubourg pour se distinguer : il signe à l'or ; J.-B. Augustin, à l'encre de Chine. *Dubourg*, seulement sur un portrait de femme laide, au grand nez, à la bouche trop fendue, habillée ou mieux déshabillée en naïade et appuyée sur une urne ; cette œuvre, d'une technique assez fine, assez rapprochée d'Augustin, avait égaré les amateurs. Une troisième, également signée *Dubourg*, nous montre une Madame Regnard qui n'a pas d'histoire. C'est tout. Les collections les plus riches, M. le comte Mimerel, qui a recueilli si heureusement tant d'inconnus ; M. Panhard, le Louvre, le baron de Schlichting, n'en ont jamais rencontré. Le cas s'explique. Entre 1791 et 1798, Dubourg n'expose pas. En 1798, ce qu'il montre est son propre portrait, et en 1800, une dame à sa toilette. Après, c'est le néant, Dubourg retourna-t-il à Saint-Dié, mourut-il, était-il même en relations de parenté avec l'autre ? Toute hypothèse serait téméraire. Une chose est sûre : Dubourg commença par donner le nom d'Augustin à ses miniatures ; ensuite il évita les confusions en signant Dubourg. Mais son rapprochement de manière, de technique et d'intentions avec Jean-Baptiste font rechercher les travaux de Dubourg.

Si on le nomme peu, on nomme moins encore Laurent de Baccarat. Il n'est cependant ni le premier venu, ni non plus un stérile. Il est le cadet d'Augustin de moins de quatre ans ; il est Lorrain lui aussi, et mourra la même année que l'autre, en 1832. Son prénom est Jean-

Antoine, sa date de naissance 1763, et son lieu de naissance Baccarat, voisin de Lunéville, pays de Dumont;
de Saint-Dié, pays d'Augustin, et de Nancy, pays d'Isabey. Une notice inédite de M. Baldat, secrétaire de l'Académie de Nancy, lue en séance le 7 juillet 1833, un an
après la mort de Laurent, indique qu'il fut l'élève de
Claudot, miniaturiste nancéien, et que ce même Claudot
fut en réalité le premier maître d'Augustin et d'Isabey.
Donc Augustin se réclamait un peu légèrement de la
nature, car M. Baldat n'était point homme à tenir un
propos en l'air. Jean-Antoine Laurent, qui eut moins de
talent que son confrère, paraît faire montre de plus de
mémoire. Il ne lui pesait pas d'avoir suivi les conseils de
Claudot, il l'avouait avec innocence, sans tirer orgueil
de la distance mise par lui entre son talent et celui de
son vieux patron. Enfin il le disait, alors que J.-B. Augustin le cachait à tout le monde. L'année 1791 le trouve à
Paris lui aussi, et exposant au Salon. C'est de la rue
Saint-Nicaise, où il loge, que part un envoi de quatre
miniatures : un jeune homme se reposant près d'un ruis-
seau, un chimiste dans son laboratoire, une jeune femme
tenant une colombe, et une femme près d'une fontaine,
au milieu d'une forêt. Au prix d'Augustin et de Dubourg,
à la même date, la production est opulente, et ce n'était
pas son coup d'essai. Dès son arrivée à Paris, cinq ou
six ans auparavant, on lui avait demandé un portrait du
Roi, ceux de la Reine et de la princesse de Lamballe,
plus un autre de Mirabeau. Les lui avait-on demandés

ou les avait-il fournis de son autorité propre, à la façon des graveurs de cartes de visite, exposant à leurs vitrines les noms les plus illustres de l'État ?

Au Salon de 1795, son exposition renferme une vingtaine d'œuvres, sujets et portraits, ce qui paraît énorme, mais ne constitue, en réalité, qu'une mévente : plus elle a d'ampleur, plus elle sonne douloureusement. Laurent est marié ; il a épousé Marie-Antoinette Guélyot, qui lui donnera quatre enfants, deux fils et deux filles. Ce petit monde a besoin de vivre, et les temps, nous le savons, ont de la misère ; Sambat, qui n'a qu'une fille, l'a assez crié sur tous les tons. Au nombre de ces enfants, l'un, Paul, sera élève à l'École polytechnique, puis il sera peintre et professeur à l'école dont il sortait ; Jules, statuaire, et directeur du musée d'Épinal après son père ; Emma, la fille aînée, fera des miniatures et des portraits ; quant à Victorine, la dernière, on ne sait rien. Tous ne sont point là en 1795, mais Madame Laurent est jeune, et il y a des raisons pour prévoir. C'est la cause de cette mise au travail acharnée. Après 1797, le portrait donne. Laurent le traite, non pas dans la manière ferme et puissante d'Augustin, mais avec bonhomie, liberté et quelque tendance au flou. Chez lui, nulle volonté irréductible ; tantôt il lèche, il polit, il ponce, comme cette Madame Mazuel, femme du marchand de diamants, que nous avons connue petite fille dans un portrait exécuté par Sicardi ; tantôt il cherche le nuage, la vapeur, l'indécis, comme dans certaines effigies des collections

Doistau et David Weill. De 1796 à 1804, il commence
une évolution très formelle dans le sens romantique ou
vers le sujet badin. En un verre de cristal, il loge un
Amour; un autre Amour est devenu « l'Ecolier maître ».

En 1806, il peint Henri IV chez la belle Gabrielle. Sa
carrière s'oriente vers la recherche d'épisodes moyenâ-
geux, dont ses concurrents n'avaient point su deviner
la faveur ultérieure. Comme il nous reste peu de tout
cela ! En portraits, deux pièces, au comte Allard du
Chollet, dont Madame Mazuel, née du Plain de Sainte-
Albine; puis Madame X..., femme de l'aide de camp
du général Rapp, personne capiteuse, « insidieuse »,
à la figure d'amoureuse lassée, vêtue d'un peignoir indiscret et accoudée aux coussins d'un sopha antique, dans
un gynécée antique, telle Aspasie. Chez M. Doistau, ce
sont trois dames, dont l'une avec sa fille, Madame de
Montalembert; une autre porte une robe blanche et une
écharpe jaune; la troisième, datée de 1800, est voilée
d'une écharpe bleue. Une écharpe bleue aussi à une dame
de la collection Alphonse Kann, de l'an VIII; une
écharpe blanche à une autre, appartenant à M. David
Weill. Et Laurent signe en toutes lettres, ou d'un L.,
ou des initiales J.-A. L. Quant à ses héritiers, ils gardent
son propre portrait et celui de son jeune frère, lequel
était ingénieur et se noya dans la Meuse; Laurent le
représenta en manches de chemise avec un gilet, en une
fort grande et jolie esquisse miniaturée.

Sous l'Empire, Laurent eut la faveur de Joséphine et

d'Hortense, grâce aux troubadoureries qu'il contribuait à lancer. Il était alors rue Duphot, n° 2, et sa fortune avait tourné. C'est là qu'il avait peint le roi Jérôme et la reine Catherine, là qu'il imagina des jeunes et beaux Dunois pour S. M. la reine de Hollande. Laurent, lui aussi, « partait pour la Syrie », car tout lui réussissait à cette heure. Un beau matin de 1815, il se retrouva à Épinal, conservateur du Musée lorrain; il prenait ses Invalides et se terrait; la Restauration le trouvait un peu forcé dans son impérialisme. Et voilà que Louis-Philippe le prenait en gré, lorsque, au commencement de 1832, ensuite d'une publication entreprise par lui, le Roi lui envoya la croix. On ne l'avait point prévenu, la joie et le saisissement le tuèrent raide.

L'année était mauvaise aux miniaturistes, Augustin, Laurent, Charles Bourgeois. Et pour Bourgeois, cette particularité d'être né la même année, 1759, et mort la même année, 1832, que Jean-Baptiste Augustin. Il se nommait Charles-Guillaume-Alexandre, et venait d'Amiens. Son premier maître avait été l'émailleur Kindy. Tout ce que nous savons de sa personne est dans le dictionnaire de Bellier de la Chavignerie et dans un article de Gence, paru dans la deuxième édition de la Biographie Michaud. C'est donc à n'y point revenir, ou si peu !

De bonne heure, il avait pris la miniature, moins par goût peut-être que pour connaître un procédé de plus. Il est de ces curieux touchant à tout, dont la vie se consume en recherches, en expériences, à la mode de ces historiens qui mettent une existence à accumuler des documents et n'écrivent pas le livre. Bourgeois manquait d'audace, parce que, entre tant de choses apprises, il avait négligé le dessin. Il avait de la timidité en présence du modèle, s'il lui arrivait de peindre un portrait.

Il cherchait le profil de préférence, ainsi que les débutants ou les praticiens de physionotrace. Graveur par surcroît, un peu chimiste, il étudiait des vernis, des compositions d'eau-forte; puis, revenant à la miniature, il publiait des mémoires sur les couleurs qui lui valurent de la considération. Le moindre petit chef-d'œuvre eût mieux compté que tant de phrases; il se contenta de montrer quelque habileté dans de gracieuses effigies en camées, limpides et aériennes, dont nos goûts récents exagèrent l'importance.

Bourgeois est installé, comme un alchimiste, dans une vieille maison portant le n° 530 de la rue des Moulins : c'est là qu'en 1800 il donne séance et manipule ses produits alternativement. En sincérité, il accorde le pas à la chimie sur l'art, à la matière colorante sur le dessin. Un jour il expose le portrait du citoyen Josse, chimiste ; il lui importe peu que Josse ressemble, tout son intérêt se concentre sur la couleur employée. « *Nota*, écrit-il au livret, ce portrait a été peint avec les couleurs fabriquées par le c. Josse, chimiste de la manufacture de porcelaine de la rue Amelot, n° 9. » En 1801, ce sont deux miniatures qu'il montre sous un même numéro ; l'une et l'autre sont exécutées « avec des couleurs de sa composition ». En 1804, il envoie des têtes d'étude sur porcelaine ; en 1806, un cadre ; en 1810, la baronne de B..., entourée de ses enfants. Une de ses œuvres les plus reculées comme date est au millésime de 1797 ; c'est un délicat profil de femme, coiffée d'une marmotte à aigrette, habillée d'une redingote à revers, conservée dans la collection Doistau. Madame la comtesse E. de Pourtalès possède de lui une médaille de Madame de Tourzel, née de Pons, d'un travail fluide et raffiné ; M. Doistau encore, deux profils liés, d'un homme et d'une femme, datés de l'an VIII ; M. Verdé-Delisle, le portrait de Laugier-Pléville, gendre de l'amiral Pléville dont la fille, Madame Laugier, avait, dit-on, refusé la main de Bonaparte. On sait encore un Bourgeois chez M. Bernard Franck, et cinq ou six autres tout pareils, en divers lieux ; c'est le total, et c'est très peu. En 1817, on le retrouve place Dauphine, au 24 ; il expose encore, il continue même jusqu'en 1824, mais sans encombrer personne de sa gloire. Miet, dans son *Essai* sur le Salon de 1817, assure que Bourgeois « fait des miniatures estimables ; les têtes y sont justes et vraies. L'artiste a un procédé à lui, il va par teintes glacées, ce qui change de la monotonie du procédé. Seulement, il met trop de couleurs et outre les polychromies, juste l'opposé de ses confrères ».

Cette polychromie n'était pas son vice du début ; il y vint assez tard, poussé par ses études scientifiques, en dehors de toute idée d'art. A l'exemple de certains esprits mal équilibrés, il donnait prééminence à la forme sur le fond, à l'accessoire sur le principal, à la chromie sur le dessin, le contraire absolu de son confrère Augustin. Pourtant il y avait en lui autre chose qu'un guetteur de recettes et de secrets. Bourgeois n'était pas un petit esprit, il le prouva à maintes reprises ; ce n'était pas un génie non plus, il le prouva mieux encore.

V

JEAN-BAPTISTE ISABEY ET SON GROUPE

En parallèle avec Augustin, Isabey tient un rang supérieur, qu'il doit tout entier à sa chance. On ne dirait que la vérité stricte en le présentant comme un de ces enfants chéris de la fortune dont les faux pas se marquent par un accroissement de carrière. Vingt fois il pense se rompre le col, et sort de l'aventure ou grandi, ou assuré au moins de ses intérêts. Où ses pareils avaient joué très grosse partie dans le passage subit d'un régime à l'autre, lui, tout jeunet, ébarbé comme une fille, gamin de Paris à faire rire les voyageurs de la charrette fatale, avait acquis de la célébrité sans nul stage aux prisons. Il avait dû à son entrain d'éphèbe de plaire à la ci-devant cour. Il lui dut de mettre les hommes libres en joie dans la personne du citoyen David, dont la fameuse « chique » remuait dans un rire désopilé. Le Directoire eût pu le mettre à rien, parce qu'il s'amusa peut-être de trop. Pour se refaire, il dut accepter la pire aventure qui soit, une place de professeur à la maison de Saint-Germain, que venait de créer Madame Campan. Il y trouva la gloire en la personne d'Hortense de Beauharnais, son élève. D'Hortense à Joséphine, de Joséphine à Napoléon, ce fut l'ascension rapide et escomptée. Augustin attendra son ruban rouge près de vingt ans, Isabey le recevra à la fondation de l'ordre, et cela n'est point un hochet de pacotille.

Un jour, on le croit mort, la nouvelle s'en répand ; la reine Hortense fait dire des messes à Saint-Leu. Ce n'était pas lui, mais son frère ; et, de la peur qu'on avait eue, on le choie davantage.

L'Empire tombé, tout va s'écrouler ? Non pas. Par Marie-Louise, par la cour d'Autriche, il reprend pied et bientôt il trône. Il trône à Vienne, à Pétersbourg, où le prince Eugène lui ouvre les portes, et devient « son maître des cérémonies ». De tout cela Louis XVIII lui sait bon gré et le crée quelque chose. Charles X, en mémoire de certain bal costumé d'autrefois, lui redonne le « dessin de la Chambre » en le nommant officier dans la Légion.

En 1830, nouvelle chute, nouveau triomphe. Conservateur des Musées royaux, logé à l'Institut, il put disposer tout à son gré de la somme de 130,000 francs reçue de M. Hitrof, pour son hôtel de la rue des Trois-Frères, payé, l'an XIII, moins de 40,000. Tout est ainsi dans cette existence, pour la partie matérielle, puisque, sous Napoléon III encore, il est commandeur en 1854, qu'on ne lui voit aucune infirmité à quatre-vingt-huit ans. Mais en chagrins, il avait eu son lot : son fils aîné tué en 1815, sa femme morte le 21 juin 1829, et en 1834, après un remariage, la perte d'un petit garçon. C'est la compensation, elle est rude, même pour un caractère léger de Français dont la philosophie s'était arrangée de tout.

Le mieux de cette fortune constante, ce n'est pas tant encore d'être montée si haut, d'avoir su dompter le sort et fait montre d'un peu plus que du talent, c'est d'avoir, comme Hall ou comme Dumont, laissé en arrière de soi des piétés averties et attentives qui savent, à une heure voulue, renouveler les fleurs de la tombe et tenir à jour le cahier des souvenirs. Voilà les vraies, les plus grandes chances d'Isabey. Toute sa vie a été contée et écrite par lui, pas un fait de ce récit ne s'est perdu, et lorsque M. Ed. Taigny publia en 1859, un an après la mort, une vie de J.-B. Isabey, l'une des dernières pages sera à peine séchée : la voix du vieil artiste, qu'on avait vu tout près, si près de soi, promener aux Tuileries son habit bleu à boutons d'or et son chapeau gris du Directoire, est restée dans les oreilles. Madame Herbelin, que nous avons connue et admirée, a pris sur nature, dans son habit freluquet et éclatant, le maître, et Giraud en a fait une charge délicieuse pour la princesse Mathilde. Cette survie dans le livre est déjà un rare bonheur, mais voici qui est la surenchère : Isabey a laissé trois héritiers de son premier lit, Eugène et deux filles, sur cinq qu'il avait eus. De son second mariage avec Eugénie Maistre, une seule fille, qui devint Madame Maxime Wey. Celle-ci aura de son père les croquis, les miniatures conservées, les souvenirs, les « soirées », c'est-à-dire les croquetons jetés par l'artiste sur un bout de table, à la veillée. Et quand elle meurt, elle lègue ces reliques à une amie dont la ferveur envers Isabey vaut celle de sa propre fille, Madame Rolle, laquelle destine le tout au Louvre, comme le docteur Gillet lui a remis les Dumont.

Au lieu donc que cette étourdissante chevauchée d'artiste doive, à l'exemple de celle d'Augustin, se reconstituer par bribes, par menus faits cherchés ici ou là, sans nul fil conducteur, il faut élaguer, car le patron a du souvenir et beaucoup de plume. Il écrit volontiers et babille extrêmement. On devine que les Mémoires de Madame Vigée l'ont mis en haleine, et qu'il y a pris intérêt. En tout cela, bien peu de chose qui nous fixe sur sa technique, rien qui donne des cas précis ou des dates sûres : c'est, à bâtons rompus, la petite chronique d'un homme du monde à travers cinq gouvernements divers, de 1785 à 1855, soixante-dix ans en un mot, trois quarts de siècle, les noces de diamant d'un homme avec la réussite.

Il a de sa main, en 1843, résumé les grands points de son existence, et la note en fut remise par lui à son collègue Duchesne, conservateur du Cabinet des Estampes. A ce moment, Isabey est logé à l'Institut, il est adjoint à la Conservation des Musées, officier de la

Légion d'honneur et de la croix du Brésil. Cette notice doit donc être ici dans son entier, c'est de l'Isabey, c'est l'autobiographie émondée et débarrassée des passages gênants ; cela vaut par son origine, par sa simplicité et l'absence de phrases.

. . . .

C'est à dix-huit ans qu'il arrive à Paris. Né le 11 avril 1767, il débarque du coche de Nancy le 24 janvier 1785, c'est-à-dire exactement à dix-sept ans, neuf mois et treize jours. Il partait à la suite d'une précoce amourette dont son père avait brusqué le dénouement. Jacques Isabey, le père, était fils d'un maître d'école en Franche-Comté, au village de Châtenay, près de Dôle ; il était venu s'établir à Nancy en qualité d'épicier, et y avait épousé Marie-Françoise Poirel, de Nancy. De leurs enfants il ne restait que Louis, l'aîné, et Jean-Baptiste. Louis devait être peintre, Jean-Baptiste musicien. Ils alternèrent d'un commun accord.

Jean-Baptiste avait étudié chez Girardet et chez le miniaturiste Claudot, de Nancy, qui avaient également débrouillé Augustin six ans avant. Ce n'était guère, ce fut assez pour lui donner courage et envie de faire mieux. Sans son amour trompé, il se fût peut-être acoquiné à sa province et y aurait succédé à Claudot. Il voulut oublier et courut vers Paris. Là, on l'attendait. Un sieur Bocquet, maître d'hôtel du comte d'Hinnisdal — il dit Helmestral — lui avait fait préparer un galetas derrière les écuries. L'hôtel d'Hinnisdal était situé au 24 de la rue Cassette, derrière l'Institut catholique. J.-B. Isabey, à peine descendu du coche, prend un fiacre et se fait conduire rue Cassette. On l'installe dans un réduit dont le cocher n'eût point voulu. Huit pieds carrés, un lit de sangle, une chaise, une table, une glace cassée pour la barbe ! Béranger l'eût chanté !

Ici, un premier arrêt : quand se trompe-t-il de date, lorsqu'il assure, dans la notice publiée par Taigny, qu'il arrive à Paris en 1785, ou quand, sur un dessin de lui appartenant à Madame Rolle, il se représente, dans un croquis au crayon, coiffé d'un bicorne à la mode des héros de Debucourt et se donne « en 1786, à mon arrivée à Paris » ? Ceci de sa main, au moment même où il dessinait, tandis que l'autre affirmation date de 1843. L'histoire est décidément une science peu exacte si, pour le même point, pour un fait capital de sa vie, l'homme qui l'a vécue hésite entre deux années ; s'il dit Helmestral pour Hinnisdal ; s'il nous raconte que David est parti à Rome avec Drouais en 1785, alors que le même Drouais est mort en 1784 ? Car, au saut du coche, il a voulu interroger David, et on lui a servi cette défaite ; il s'en contente et nous la répète avec naïveté. David était parti aussitôt les relevailles de sa femme, le 2 janvier 1784, emmenant et sa femme, Charlotte Pécoul, et Jean-Germais Drouais, son élève, qui venait d'obtenir le prix avec *Jésus et la Chananéenne*. C'est en 1784 qu'à Rome, David fit les Horaces. Il revint en 1786, au mois d'octobre.

Faute de David, Isabey se rabattit sur François Dumont, qui le vit venir sans enthousiasme et le reçut de haut dans sa robe de chambre bleu et or, et sa perruque poudrée. Dumont avait prononcé : « Je ne prends pas d'élèves pour la miniature », ce qui désarçonna Isabey, mais il lui offrit de le recommander à un atelier où il passait de temps à autre.

Dans cet atelier, qu'il se garde de nommer, Isabey se fait vite des camarades. Il apprend d'eux les moyens de vivre. Mais il ne faut pas oublier non plus qu'il a un parent à Paris, François-Xavier Isabey, d'une branche des Isabey établie à Morteau sur le Doubs, et qui fait partie de l'Académie de Saint-Luc. Cet Isabey, dont la vie est connue, qui publia des estampes dans la note de Janinet, eut des désaccords avec la police au sujet d'une gravure de Dumont, le portrait de Madame de Saint-Vincent, publié chez lui. N'était-il pas naturel que cette Académie de Saint-Luc leur procurât de la besogne ?

La bourse de cinq louis, remise par la mère d'Isabey au départ, n'en contient plus que deux à peine ; deux louis, c'est 48 francs, et la vie très chiche pendant un mois ; s'il veut, moyennant peu d'écus et beaucoup d'industrie, peindre des Vanloo ou des Boucher pour des boîtes, on lui enseignera un tabletier entrepreneur de ces sortes de travaux. A six ou huit francs pièce, au trait pour son louis, avec, en un mois, six ou sept fois vingt-quatre livres, on pouvait manger et se vêtir. Puis, il y eut les boutons, dont François Dumont avait été l'un des premiers décorateurs; à douze sols l'un, c'était plus de six ou sept livres assez lestement trouvées. En camaïeu; ceci, fleurs ou paysages, dans la largeur d'un écu de six livres chacun. Somme toute, par un partage judicieux de son existence en deux parts, la matérielle et la morale, le gain et l'art, il ne faisait pas si méchante figure lorsque, vers le mois de juillet 1787, il dut regagner Nancy pour la mort de son père, décédé le 16. Jal dit qu'il ne parut pas à l'enterrement et qu'il aima mieux rester à Paris ; mais Isabey a précisé qu'il y fut; il dut arriver trop tard. Revenu en toute hâte, il avait trouvé les d'Hinnisdal partis dans leurs terres, l'hôtel fermé et la mansarde close. Le moment fut rude. Ses maigres économies étaient loin, il dut accepter le partage d'une chambre occupée par un camarade. Là se détermine nettement sa chance. Ce camarade était fils d'un officier du marquis de Serrant ; il conduisit Isabey chez son père, et le marquis, ayant été chargé de faire peindre les deux bambins princiers, les ducs d'Angoulême et de Berry, fils du comte d'Artois, on proposa Isabey pour la besogne. Il l'eut, et s'y appliqua ; les deux portraits, montés en boîte, devaient être offerts à la comtesse d'Artois par ses fils. Il prit séance des deux enfants ; la Reine elle-même le vint voir au travail et lui dit en sortant : « Continuez, mon enfant, cela va bien. »

Ceci est partout et ne vaut pas qu'on le répète, c'est le côté roman comme seront l'épisode du bal masqué avec la comtesse de Calignac, le déguisement en femme, la fuite devant la Reine. On l'eût appelé alors « le petit peintre de la Cour » ; mais par malheur, Isabey est seul à le dire. Où il parle plus posément, c'est lorsqu'il rapporte un fait possible. On lui eût donné, par ordre de la Reine, un portrait de Sicardi à transcrire. Son père lui avait dit autrefois : « Jean-Baptiste, vous serez peut-être peintre du Roy! » Le bonhomme Jacques avait prédit juste. On était en 1787, Isabey s'approchait du but. Installé à Versailles, il ne dit pas où, le petit miniaturiste vit fort joyeux en la compagnie des pages, aux spectacles, aux mascarades, partout où se faisait la fête. Mais à distance, les légendes s'étant formées, il s'avance un peu trop ; en 1843, bien peu de gens le pouvaient contredire. Peintre du Roi, pas encore ; pour vivre à la Cour, il faut des écus, et les amusettes l'avaient désargenté à un point incroyable. Il avait dû revenir à Paris, retrouver David, recommencer la vie sérieuse, et se reconstituer un pécule. Par surcroît, des velléités de grand art, de prix de Rome lui passaient. A l'atelier de David, il payait, et cette cotisation obligée était pour lui la ruine. Le maître le vit, le déchargea de tout, et lui remit même cinq louis.

Toujours la fortune sur sa roue passant à portée en aplanissant les obstacles, la chance aveugle. En 1788, deux ans après son retour, ses affaires sont au plus bas. Son frère le musicien est à Paris, mais ni l'un ni l'autre ne sait remuer et galvaniser les épouvantes de la clientèle. On ne veut plus ni portraits, ni boutons, ni boîtes. La question de se retirer fut agitée, résolue et mise à exécution. Mais l'exode des émigrés faisait surveiller les coches et les voitures particulières ; on arrêta les deux frères, et seul Louis, l'aîné, obtint de continuer sa route. Contre-temps heureux ! déboire utile ! A peine rentré à son 31 de la rue des Petits-Champs, il retournait chez David, prenait son portrait en une belle étude dessinée et datée de 1789. Rien de solide cependant, sauf, à la dérobée, quelques figures de fuyards désireux de laisser un souvenir à des proches, et qui partaient quelquefois avant le règlement. Isabey ne payait même plus sa blanchisseuse, mais celle-ci continuait à laver son linge et à le tenir fort proprement. Un jour même, — la réussite encore, et l'étoile ! — cette femme le mit en rapport avec Dejabin, le libraire qui projetait la publication d'un recueil des portraits de l'Assemblée. Dejabin ne demandait que des à peu près hâtifs. Les artistes réunis par lui étaient placés dans le réfectoire du couvent des Capucins. Ils croquaient au vol ces hommes solennels et si convaincus de leur mission. Ici encore, Isabey enfle sa trompette ; il dit avoir exécuté 224 effigies, payées sur le pied de 6 livres l'une. En réalité, les recueils de la Bibliothèque nationale, qui ont gardé les originaux, n'en montrent plus qu'une vingtaine ; c'est loin de compte, et ce ne serait que très peu même si tous nous étaient venus. En tout cas, Isabey n'en fit pas, à beaucoup près, ce qu'il raconte. Comtois, Gascon de l'Est !

Et ce ne sont pas les célébrités qu'on lui confie ; à part

Michin, Brueys, le reste vient de Quimperlé ou de Landivisiau, de Marsan ou de Comminges. Pas un n'atteindra jamais au renom ultérieur du peintre, dessinateur modeste, assis là dans ce coin de salle, la main leste et les yeux grands ouverts. Ce qu'il faut croire, c'est que, sur ces vingt ou trente portraits, quelques-uns lui furent ensuite demandés en miniature. « Ces six francs, dit-il dans ses mémoires, me semblèrent alors plus précieux que les billets de banque dont le même travail fut, plus tard, rétribué. »

Ceci, et peu de chose avec, très peu, lui permettait bien juste de manger. Il profitait de ses loisirs pour courir les fêtes républicaines, pour flâner et mettre en son œil les observations qui lui furent plus tard d'un particulier profit. Un jour de 1791, à moins d'un an de la fuite de Varennes, Isabey est à Meudon, il en voit revenir le Dauphin et en prend un croquis d'album, aujourd'hui à Madame Rolle. L'exposition des artistes libres, ouverte pendant une quinzaine, à la Fête-Dieu, 45, rue de Cléry, reçoit trois œuvres de sa main : sous le n° 99, divers portraits en miniature ; sous le n° 100, un portrait de femme en pied, assise en un bois ; sous le n° 106, des portraits dessinés au crayon ou en manière anglaise. Cette manière anglaise, il la recherche dès ses premiers pas dans le métier. Il a vu des Downman, s'en est amusé et en tente l'imitation. Plus tard, ses effigies « sous voiles », ses portraits aériens auront cette origine à près de vingt ans de distance, et ceci, Isabey ne le dit pas, peut-être même en 1843 a-t-il un peu perdu le souvenir de la rue de Cléry. Cette première manifestation lui fut comptée.

« Quoique sans numéro, s'écriait un critique, M. Isabey, nous ne vous oublierons pas. Vous dessinez à merveille et vous avez une très belle couleur. M. Sicardi, *votre élève*, vous surpassera, mais vous serez après lui. » Aussi, en 1793, lorsque, sous le nᵒ 208 du livret, il avait fourni un cadre de miniatures, on s'écrasait devant. Delécluze, qui n'est ni romancier ni très amplificateur, raconte qu'il manqua d'y étouffer. La raison de cette vogue ? Tout bonnement les portraits choisis par lui, qui comptaient parmi les illustrations les plus capiteuses de l'heure. D'entre tous les « patriotes », depuis Barrère, Saint-Just, Collot d'Herbois, Carrier, jusqu'au cul-de-jatte Couthon, pas un qui ne se fît une tête. En politique comme au théâtre, il n'y a pas de petits moyens ; une mèche de cheveux assure une réputation. Saint-Just, qui n'était pas laid, tenait en l'air ses yeux de poète ; Couthon se « composait » en bonté et en douceur devant Isabey, qui l'allait prendre à domicile, car ce fou n'avait que des jambes ballantes et molles ; il arrangeait son regard et parlait la langue d'un Corydon ; « les champs, la verdure, les fleurs.... revivre au milieu des villageois, devenir arbitre de leurs différents, le rêve ! » C'était cela, ce terrible coupeur de têtes, garçon aimable, parlant de la nature et caressant un petit chien ! De telles figures à une muraille du Salon de peinture, bon une année, et,

encore, pas entière; à dix ans de là, on les eût brisées et
détruites; il fallait viser très juste. Dans le courant de
1793, David avait admiré les grandes miniatures de son
élève; on veut qu'il en ait dit: « Je ne sais si c'est à l'huile
ou au vinaigre, mais c'est de la belle et bonne peinture! »

De la peinture d'artiste, mais de patriote! « Tu n'es
pas patriote, disait le tyran des arts... Viens me prendre,
je te ferai entrer aux Jacobins! »

Voici qui n'était plus très gai. Isabey était plus l'homme
des travestis de cour, plus le muscadin que le bougre;
mais ces sortes d'invitations ne se réglaient pas sur un
P. P. C. Il fut aux Jacobins en carmagnole, avec cas-
quette et cocarde; il y eut très peur. « Ah! ah! disait
David, tu te sentais morveux! »

La formation artistique d'Isabey date de ce temps; il
a voulu tenter la « grande peinture »; il a, sur les conseils
de Dumont et de Sicardi, plus intéressés que lui à ce
qu'il en fît, préparé le prix de Rome. Des médailles, des
réussites, il avait tout eu. Mais le mot de Mirabeau lui
revint, celui-ci ou à peu près: « Mieux vaut être le plus
grand dans un petit art que le plus petit dans un grand. »
Il s'y ajoutait l'exclamation de David sur l'huile et le
vinaigre. Isabey, qui avait d'une naïveté égale accueilli
les belles phrases de ses concurrents, eut la sagesse de
s'en tenir à Mirabeau. L'anglomanie nous avait envahis,
il en saupoudra ses œuvres, et c'est par là qu'il prit le
pas sur Augustin; celui-ci n'était qu'un Français, il
compta bien moins.

Le 13 avril 1792, Isabey s'était marié. Il avait vu une Antigone, jolie et gracieuse, conduisant un père aveugle. Elle se nommait Jeanne Laurice de Salienne et avait vingt-cinq ans ; son aînée avait épousé l'architecte de Mesdames. Isabey n'avait rien, le père non plus ; l'affaire s'arrangea entre lui et la jeune fille ; le père ne fit qu'une opposition de forme ; quelque temps après, les deux époux occupaient un appartement au n° 27 de la rue Saint-Marc. Leur lune de miel et leur premier enfant sont éclos en pleine Terreur.

De cette première part de sa vie, de 1786 à 1796, dans ces dix ans mouvementés et périlleux, peu ou presque pas de miniatures ne nous sont venues. Rien de celles exécutées à la Cour, pas les copies d'après Sicardi, pas les portraits des deux enfants royaux, les ducs d'Angoulême et de Berri, cause déterminante de toute la gloire future.

Des dessins écrits à la pierre noire, la promenade du Dauphin à Meudon, en 1791, son propre portrait si joliment petit maître, de profil, coiffé en mirliflor, avec son haut col de provincial exagérant la mode ; peut-être aussi cette miniature de femme âgée, de la maman, née Poirel, laissant sortir de son bonnet à rubans et du fichu qui le recouvre une petite face rougeaude et ratatinée de femme réfléchie et bonne, dont les yeux ont l'éclat et dont le nez met une toute petite pomme ronde au-dessus d'une toute petite bouche serrée. Au total, quelque chose de sincère et d'étudié, de naturel, qui serait au vrai la grand'maman de Debucourt, une grand'maman emmitouflée dans sa pelisse de fourrures. Habitués à l'autre Isabey, celui du Directoire ou de l'Empire, l'artiste aux voiles et aux nuages, nous aurions difficulté à admettre que telle œuvre fût de sa main, si l'origine n'en était si assurée. Cela vient de lui, même on savait que la figure en avait été prise sur nature en 1787, lors du voyage fait par le fils à Nancy pour la mort de son père. Parmi les miniatures sûrement datées, bien peu d'autres se peuvent citer ; nous n'identifierons ni celles mises au Salon de la rue de Cléry, ni celles du cadre exposé en 1793. Nous ne connaissons ni Saint-Just, ni Barrère, ni surtout Couthon, ni d'auparavant, Mirabeau ou la Reine. La tourmente avait successivement balayé les unes et les autres de ces pièces trop marquantes. On dirait peut-être ce portrait de femme blonde assise sur un tertre de gazon, appartenant au prince d'Essling, offrant son beau corps à peine voilé, et sa figure provocante ; on en a fait tour à tour Mademoiselle Lange, Madame Tallien, ou peut-être Madame Isabey. Avec Madame Isabey, prise dans un dessin intitulé *la Barque*, où l'artiste a montré sa femme, les traits ont du rapport. Ce serait tout ce qu'on sait du peintre sur ivoire ; mais en crayons, il y aurait le portrait de David en 1789 ; les vingt députés du même temps, au Cabinet des Estampes ; pour David, une galanterie, celle de le dessiner en profil, du côté opposé à la boursouflure congénitale de la joue, et de le présenter ainsi en cavalier agréable.

Le portrait de Madame Isabey mère, mieux exécuté après un an de Paris, lorsque Jean-Baptiste Isabey a vingt ans au juste, reste comme le témoin formel d'un tempérament extraordinaire, d'une science bien rare chez un jeune.

Augustin avait su faire aussi bien au même âge, mais il n'avait ni cette crânerie, ni cette audace pénétrante. C'est en pointillé, à la vieille mode française, en petites touches allongées, embrassant les formes, invisibles pourtant et spirituellement plaquées, que les modelés sont obtenus. En certains endroits du costume, au bonnet et au collet de la pelisse, des touches plus larges, la fourrure traitée à grands coups, sans présenter les poils un à un ; et çà et là, juste au point voulu, un blanc comme une larme où l'œil baigne, au pli des lèvres, à la prunelle que la paupière fléchissante recouvre à demi. Pas de parti pris encore, ni de ces formules trop marquantes qui donneront plus tard une impression de monotonie, de déjà vu, de trop vu même. Ce départ pour le nuageux, le moussu, soupçonné dès la Révolution dans le dessin de *la Barque*, se notera pour Isabey dans les premiers temps du Directoire. Une petite dame anonyme, de la collection Doistau, rappelant à la fois Mallet et Boilly, dont la frimoussette chiffonnée s'encadre de cheveux envolés, dont le menton se cache dans un fichu de gaze, s'annonce comme un prélude aux « coups de vent » de plus tard. Grisette, ou femme d'artiste ? Qui peut le dire ? Qui saurait, sous l'arrangement hurluberlu, chercher cette tête d'oiseau aux grands yeux, au nez tout

petit, à la bouche invisible? Ce sont là de ces personnes
dont le langage zézaie et dont les lèvres se refusent à prononcer les *ch* et les *r*. « Ah! qu'il fait *saud* à Paris! »
disait la Jolie de Debucourt; chaud à Paris pour tout le
monde, chaud surtout pour Isabey, qui était à une passade de vie très singulière.

Vainement avait-il endossé la carmagnole et suivi
David aux Jacobins. Ce monde d'énergumènes et de
maniaques, se croquant l'un l'autre à la façon des
animalcules de la goutte d'eau, ces braques mâles ou
femelles, dont le couperet limitait l'esthétique, ce n'était
pas son monde. Quand on put respirer, il était thermidorien, outrageusement thermidorien, parce qu'il n'avait
pas trente ans, qu'il trouvait les femmes jolies, sans
compter la sienne, et qu'il adorait la fête. Personne plus
que lui ne fut incroyable et muscadin :

> Les patriotes
> Portent des bottes ;
> Les muscadins,
> Des escarpins.

Il eut des escarpins, des collets noirs, avec ce Tiercelin
qui finira dans une maison de fous, avec Grenet. Le
jour, près de Madame de Staël, le soir, chez Notre-Dame-
de-Thermidor, toute la nuit au bal de Barras, il eût
voulu vie qui dure loin des soucis, car franchement,
les sans-culottes lui avaient fait peur. On ne savait
jamais, avant; maintenant, c'était la joie. Sambat redou-

tait les assignats, lui pas ; il n'avait le temps ni d'y songer, ni même de peindre. A la maison, on croquait les économies, on tirait sur la corde. Pour quelques croquetons jetés en hâte, pour une esquisse de femme, on recevait au matin la provende indispensable. Entre 1795 et 1797, ce qui vient d'Isabey est négligeable ; c'est pourtant la période qui laissera chez lui les plus fortes empreintes. Incroyable, Isabey le sera jusqu'à la mort, même en ses habits et ses escarpins de dansomane, car. en sa qualité de freluquet maigre et mince, il saute les ailes de pigeon mieux que nul. On le prise ; au Salon de l'an IV, quelqu'un assure qu'il surpasse Clinchetet et la belle Rosalba, et qu'il balance Petitot. Que de sottises !

A force qu'il se trémoussât en tous lieux officiels, qu'il se montrât aux soirées, la bise était venue, et il alla crier famine. Sur sa route il trouva Madame Campan, qui lui donna le grain de mil à sa maison d'éducation. La légende veut que dans une réplique de son célèbre dessin de *la Barque*, il ait mis Madame Campan au gouvernail et lui aux rames ; du moins *la Barque*, aujourd'hui chez Madame Rolle, donne-t-elle une variante. Il était temps, grand temps de rencontrer une barque. si petite fût-elle, et un pilote. Ce n'était pas la ruine ; pour être ruiné, il faut avoir eu, et Isabey n'avait rien eu. C'était le manque à gagner l'indispensable à lui et aux siens.

D'autres ont dit ce qu'était la classe de dessin d'Isabey chez Madame Campan ; Eugène et Hortense de Beauhar-

nais devenus ses élèves ; Madame Bonaparte, alors logée
rue Chantereine, entrant dans l'intimité d'un artiste qui
était de l'ancienne cour et avait connu la reine Marie-
Antoinette. Lui, ne soupçonnant rien des choses futures
et amusant de son mieux ces enfants, dont l'un sera
Altesse Impériale et l'autre Reine, préparant tout à son
insu une carrière étourdissante, qu'eût-il pu espérer? Le
général Bonaparte, son cadet de deux ans, à lui qui a tout
au plus l'air assez raisonnable pour enseigner à des
filles, ce ne pouvait être — il le pensait — qu'un de ces
gens de fortune dont la Révolution avait fourni trop
d'exemples. Mais de ce que Joséphine de Beauharnais
l'invitait, le consultait, l'écoutait, il prenait intérêt à des
gens qui lui rappelaient, encore que de loin, la société
disparue. Il a consigné tout ceci dans ses notes, même
il raconte comment, par les Lecouteulx, il poussa Joséphine à l'acquisition de la Malmaison ; comment il inter-
vint dans le choix de Fontaine pour la restauration de
cette ruine, et dans celui de Berthaud pour le dessin des
jardins. Il est à penser que son intervention lui valut
des revenants-bons de toutes manières, car, sans compter le portrait en pied du général présenté dans une des
allées du parc, pris sans qu'il s'en doutât, il y eut des
miniatures, parfois des projets de fêtes, de spectacle.
Installé dans la maison, il était de tout, était prêt à tout ;
il mettait une volupté à se frotter à ce luxe renaissant et
encore timide, où la souveraine n'était qu'une créole
jolie, aimable et simple. A ce moment, il est plus un

Moreau le jeune qu'un Hall, plus un illustrateur qu'un portraitiste. Il va à Rouen en 1804, pour y dessiner la visite du Consul chez les frères Sevenne ; à Jouy, pour la visite à Oberkampf ; aux Tuileries, pour la revue du Carrousel ; à Boulogne avec Suchet. C'est à cette époque qu'il dessine au trait et de profil la figure de ses élèves, de sa famille aussi, d'Aubry, d'Hollier, de tous ceux qu'il a attachés à ses travaux.

C'est fini d'être simple, de vivre à la bonne franquette, le ci-devant général Bonaparte, le Consul « se fait Empereur », suivant le mot de Sambat. Et plus il est d'origine modeste, plus il gonfle ses prétentions. Pour le sacre, c'est Isabey qui est l'indispensable. Rémusat lui écrit : « Vous parlerez à tous avec l'autorité de ma place, parce que je vous la confie tout entière pour cet objet. » M. de Rémusat est premier chambellan, maître de la Garde-Robe, il a la direction complète des costumes. Substitué à lui, Isabey aura toute la charge, et il s'en tire, comme on sait, avec des poupées habillées dont l'Empereur eut satisfaction complète. A partir de là, il est l'impresario des cérémonies et des réjouissances ; il imagine les blasons de la noblesse du nouveau style ; Joséphine, qui l'a emmené à Strasbourg en 1805, lui accorde le brevet de dessinateur de son Cabinet et de peintre des Relations extérieures.

De lui à Augustin, c'est la délimitation pareille que, dans l'ancien temps, de Moreau à Sicardi, Isabey ne peint à peu près plus d'autres miniatures que celles de la

Famille impériale. La plus grande part du reste se partage entre ses élèves, dont quelques-uns sont ses aînés de plusieurs années. En 1804, il habite au n° 29 des Galeries du Louvre, mais on ne le voit plus aux Salons; en sincérité, il n'en a plus le loisir. Il est un personnage de marque, chevalier de la Légion d'honneur, dessinateur du Cabinet de l'Empereur et de celui de l'Impératrice, accablé de commandes, sollicité de tous endroits, il est au plus haut de ses affaires. Le 25 germinal an XIII, il achetait un immeuble au n° 7 de la rue des Trois-Frères, dont une façade donnait sur la rue et l'autre sur un jardin d'assez belle contenance; il avait payé 38,000 francs cette maison à un étage, un peu arrangée en ferme, avec, au second, les mansardes sous le toit. A la sortie de la porte sur les parterres, une allée à l'anglaise, des massifs de marronniers, des arbustes, et, tout au fond, un Terme à l'antique, au pied duquel Madame Isabey avait élu domicile. Tout cela a été montré en une petite miniature ronde, signée deux fois par Isabey, et appartenant à Madame Rolle; elle nous garde le souvenir de ce coin champêtre, aujourd'hui devenu le 59 de la rue Taitbout. Pendant plus de vingt ans il fut là; il y avait vu grandir sa petite famille, il y avait hébergé ses élèves, et donné des fêtes particulières qui étaient des plus suivies. Jeanne Laurice de Salienne, « sa bonne épouse », était morte le 21 juin 1829. Les trois enfants qui lui restaient et lui vendirent la propriété à Madame Hitrof, sur le principal de 130,000 francs. De là, elle passa à M. Berger, puis à l'agent de change Dubois ; elle est aujourd'hui à la compagnie d'assurances « le Patrimoine ».

Entre le Couronnement et le Divorce, avant qu'il atteignît ses quarante-cinq ans, Isabey ne donne à la miniature sur ivoire que l'indispensable, et cet indispensable encore, il l'écourte de son mieux. Il a la fourniture des boîtes du Louvre, des portraits de l'Empereur dont il produit d'innombrables copies. Il signe, mais est-il en réalité l'auteur de tout ? Ce serait impossible. Alors interviennent les ramasseurs de miettes, les élèves, Aubry au commencement, ou Hollier, ou Jacques, Saint même parfois. ou Singry. Comme il ne s'agissait que de transcrire un modèle fourni, et de lui garder les apparences d'un Isabey, il est difficile de se prononcer. En général, les Joséphine ou les Napoléon sur boîtes, en dépit de la signature, sont sujets à caution. L'un d'eux même, un empereur en costume de chasseur de la Garde, mis sur une tabatière et donné à l'artiste par Napoléon lors des adieux de Fontainebleau, est une effigie médiocre d'après Guiard, mais c'est Isabey qui l'a mise sur la tabatière pour remplacer le portrait de Marie-Louise. N'est-il pas fort piquant qu'un cadeau aussi solennel, fait de confiance par le souverain déchu à l'auteur présumé, fût seulement une besogne de pacotille ! Lorsqu'il opère lui-même, il n'y a guère à douter ; c'est la perfection infinie et le goût ; la grâce aussi dans le complet. Et il a gardé de ces modèles d'après la nature : Joséphine, Pauline Borghèse, Elisa ; Madame Mère, la reine Hortense, le roi de Rome, tous passés de lui à sa fille et de sa fille à Madame Rolle, qui les donnera au musée du Louvre. Par l'étude de ces œuvres prodigieuses, on a loisir d'opposer à Augustin, consciencieusement Français, cette manière où il y a beaucoup de Prud'hon, beaucoup aussi peut-être de cette gravure en stipple dont Bartolozzi et les Anglais ont fait ce qu'on sait, une Miss Farren, une Lady Foster, une Lady Saint-Asaph. N'oublions pas que ceux-là ont l'antériorité, qu'ils gravaient Reynolds dès le temps de la naissance d'Isabey, et qu'il les a admirés, recherchés même dans le moment où le nom d'Anglais était proscrit chez nous et détestable. Cette influence, il l'avait nettement avouée dans son « départ et son « retour du soldat », dans le portrait de Barbier-Valbonne, l'homme à la pipe dans *la Barque*, grands dessins brouillardeux, aériens, que lui-même nommait — pourquoi ? — « sa manière noire ».

En miniature, ce serait dans le Bonaparte, membre de l'Institut, qui avait été donné par l'Empereur à Kellermann et qui est venu au prince d'Essling ; dans un délicieux portrait de femme en fichu jaune, appartenant à M. David Weill ; même un peu dans son portrait de lui par lui, en 1812, ébouriffé, avec ses pattes de lapin aux joues, son grand col anglais, en cet instant à M. Taigny. N'est-il pas fort inattendu que, pour le dessin du Sacre, pour l'apothéose de celui qui avait la haine de l'Angleterre, qui en vivra et qui en mourra,

Isabey eût justement cherché dans l'art de Londres la phrase de sa cantate, ses effets de style, sans que personne le voulût constater ni remarquer?

Isabey avait pris grand'peur du divorce de Joséphine. C'était par elle et par ses enfants qu'il avait eu, dans cette cour aux allures éclectiques, le pied qu'il y tenait. Un chagrin nouveau lui était venu : son frère était mort de la rupture d'un anévrisme, dans une boutique. Le bruit avait couru que M. Isabey, le peintre, venait de tomber subitement, et c'est alors qu'Hortense avait commandé un service funèbre à Saint-Leu, où elle habitait. Au milieu de tant de peines, il recevait, du duc de Frioul, une lettre qui coupait court à ses craintes. On le priait de peindre un buste de l'Empereur en grand costume impérial, pour un médaillon entouré de douze brillants, plus une bague avec l'Empereur en pied, dans le costume des Chasseurs de la Garde. Enfin, une miniature représentant deux colombes dans le casque de Vénus et un aigle tenant une rose blanche, pour être placée sur la première feuille d'un agenda. On devait mettre des vers de Parny au verso, mais on les trouva niais et on les laissa.

Pour Isabey, c'était la rentrée officielle ; mieux : on le consulte pour le choix du *Sultan*, c'est-à-dire de la corbeille, pour les habits de la future impératrice Marie-Louise. Un peu plus tard, les fêtes étaient terminées, quand la Cour alla à Compiègne, il avait exécuté un portrait, un de ses premiers sur le papier préparé, suivant cette formule que les femmes de l'Empire et de la Restauration, les Anglaises, les Viennoises, les Russes tiennent pour indispensable à une femme du monde. Cette figure de Marie-Louise, couronnée de roses, était pour plaire à la petite Viennoise aux joues roses, aux yeux clairs, dont le teint s'arrangeait trop bien d'une comparaison avec les fleurs. Elle en eut un ravissement ; cela la changeait un peu de ses peintres nationaux, si allemands, exclusifs et mollasses, les Fiëger, les Däffinger, les Lampi et les Grassi. Sur son enthousiasme se vinrent aussitôt greffer les enthousiasmes courtisans, ceux qui acquiescent à tout ce qui plaît aux maîtres. Isabey, qui a imaginé un genre d'aquarelles diaphanes, en brumes nacrées et auréolées de voiles de tulle envolés au vent, a bien senti combien ce jeu très nouveau et jeune lui conciliera les femmes mûres. Ce n'est pas Madame de Montebello qui en aura le plus de plaisir, encore qu'elle eût été donnée aussitôt après l'Impératrice, et, il faut dire, montrée plus jolie, plus minaudière, ce sera Joséphine entre 1810 et 1814, la Joséphine retirée du monde ; Madame Dugazon, la duchesse de Dantzig; la princesse de Bénévent, toutes les personnes marquées, les outragées de l'âge, qui y auront profit, et feront fête à leur restaurateur de tares. Là est le secret d'origine de cet engouement extraordinaire qui fera d'Isabey le portraitiste le plus célèbre d'Europe pendant quinze ans. Car, on le disait, il n'y a pas que les Français pour admirer ce compromis entre la miniature et la peinture, ce genre mixte franco-anglais. Les Autrichiennes y venaient, les Prussiennes, les Russes, toutes les Russes. Et celles-ci, n'ayant pas Isabey, prennent H. Benner, un élève docile. — Les Anglaises aussi, l'eût-on pensé ?

En 1811, Isabey, qui a accompagné Marie-Louise à Cherbourg et a laissé du voyage de grandes aquarelles, est également du déplacement à Prague, où elle va rejoindre sa famille. Cela, parce qu'elle veut un collier comme celui de la reine Caroline, orné des médaillons dessinés par Isabey. Celui-ci, étant arrivé trop tard, dut poursuivre ses modèles à Vienne : l'Empereur, l'archiduc Charles, homme modeste et doux, à qui il fallait une musique militaire pour le mettre en état de prendre une pose de héros guerrier, tous les autres Habsbourg, lippus, roses, avec de grands yeux étonnés et bleu faïence. Des miniatures cette fois, et minuscules, car ces médaillons de collier sont carrés, coupés aux angles et de la taille d'une forte bague. Le 22 septembre, il prit « en voile », à Vienne, la princesse Bagration,

Professeur de dessin de l'Impératrice, avec l'engagement formel de ne jamais retoucher les dessins de son élève, Isabey est à la faveur. Il a, par 1,000 et par 2,000 francs, produit par an jusqu'à 40,000 et 50,000 francs. Le voici tout près de la cinquantaine, et il est d'aspect, de goût, de tempérament, le tout pareil muscadin qu'en 1795, joyeux, amuseur, insouciant, peignant comme il vit et comme il dépense, à la volée.

De tout ce qu'il tire de son talent, à part la maison de la rue des Trois-Frères, son mobilier et quelques placements minimes par vingt-cinq louis, rien ne s'accumule, tout se volatilise en soupers, en réceptions, en voyages.

Il est capitaine de la Garde nationale ; sous son habit, il se prendrait pour un colonel. Il est petit et menu, il se hausse ; Comtois et pourtant un peu Gascon, il assure que les tailles moyennes sont de qualité, témoin l'Empereur. Mais tout ceci n'assure point l'indépendance, et quand l'Empire tombe, Isabey en est au point très précis où il s'était vu en 1795, l'âge en plus et la vigueur en moins. Toutes ses espérances tombent aussi d'un coup ; le dessin du Sacre, la gravure déjà exécutée, les portraits tirés restent à son compte. A qui s'adresser ? Pas aux Bourbons, pas aux anciens amis, ils ont fui ou tourné casaque ; à Marie-Louise ? il y a songé, mais sait-elle bien ce qu'elle pourra pour lui ? Elle le lui annonce en une lettre assez digne, en l'assurant de l'accueillir en ami s'il vient, mais rien de plus. Augustin, qu'il a bien un peu contribué à faire tenir à l'écart, prend auprès du Roi la place que lui-même avait chez l'Empereur. C'est un cercle fermé ; et d'ailleurs, en ce moment, ce qui avait été si formellement de la truste du Corse, n'eût point trouvé accueil si gracieux. A Talleyrand ? Pourquoi pas à Talleyrand, — il dit *Taillerand*, — qui vient d'être nommé plénipotentiaire au Congrès de Vienne ? — La chance de toujours ! — Talleyrand l'emmène à Vienne en qualité de peintre du Congrès.

Là-bas, ce sont les amis faits lors du premier voyage, puis la rencontre inespérée d'Eugène de Beauharnais, qui se jette dans ses bras. « Ah! le bal que tu nous donnas dans tes ateliers des Galeries du Louvre, à l'occasion du mariage de ma bonne Hortense! Et la Malmaison! Et le Sacre! » Eugène tutoie et pleure. C'est l'empereur de Russie qui lui a appris la ruine d'Isabey.

En plein congrès, un soir, alors qu'Isabey admire, au Grand Théâtre, cette Bigottini dont il a lancé un « sous voile » dans le ballet de Nina, un bruit court : Napoléon a débarqué à Cannes ! Alors le désarroi, le retour précipité, l'entrevue avec l'Empereur, la dernière ; la mort du fils aîné à l'armée, Waterloo, la rentrée des Bourbons après trois mois, la réaction furieuse. Cette fois, n'est-ce pas la fin ? Isabey le put croire. Une descente de police chez lui, ses planches brisées, les épreuves des portraits du roi de Rome détruites. Comme raison ? La vraisemblance qu'il fut l'auteur des charges parues en 1814 et visant la Famille royale. Isabey s'en défendait, il avait tort. Tort, parce que ces farces avaient de la vérité, de la gaieté, de la verve française. On n'est pas pour rien du pays de Callot.

Son ami, le comte d'Osmond, lui offrit de passer en Angleterre, où il trouverait à vivre. Il emporta là-bas les dessins de la revue du Carrousel, du Congrès, de la table dite des Maréchaux, exécutée à Sèvres, tous les portraits de Napoléon et de Marie-Louise, et comme il en eut fort besoin, il les céda à des marchands de Londres. Quant aux portraits nouveaux, à part ceux de la famille Seymour, en dépit de la protection de Wellington, ce fut très peu. Il tombait en pleine histoire Bergami, et son genre anglais ne plut pas aux gens de Londres, qui en vivaient depuis vingt ans. Il partit désenchanté, ruiné, écrasé de chagrins et de craintes.

Miniaturiste, après 1815, Isabey ne l'est plus ; aquarelliste, lithographe, crayonneur, tant qu'on veut et qu'on souhaite. Rentré en grâce et même en faveur auprès du Roi, qui l'autorise à tirer son Congrès ; recherché par les émigrés, dont les goûts et les modes ne sont plus au courant, il remonte sur sa bête pour plusieurs années. Nul étranger touriste ne manquait sa visite à la rue des Trois-Frères, station obligée de ce que l'Europe nous envoyait de personnages importants. Comme disait Eugène de Beauharnais à Vienne : « C'est encore à lui, même tombé, que je dois le reflet de grandeur qui me protège. » C'est à Napoléon qu'Isabey devait cette vogue, toute sa gloire. Ce dont on s'informait pendant les séances, ce n'était ni ce que pensait ou ce que voulait S. M. le Roi, ou la duchesse d'Angoulême, mais ce que pouvait espérer encore le prisonnier de Sainte-Hélène. A mesure que les événements s'éloignaient, la légende prenait corps, et les adversaires d'autrefois avaient conscience de la grande infortune. Augustin plaisait aux irréconciliables, Isabey aux esprits plus libres, que ses anecdotes passionnaient.

Alors il reprenait son assiette, il avait ressuscité ses fêtes. On jouait la comédie rue des Trois-Frères ; on y voyait Nourrit dans l'air de *la Création;* Elleviou et Martin dans un duo de *Maison à vendre ;* Madame Gail, dont il laissera une lithographie brumeuse, et qui attirait chez lui les dilettanti : Carl Vernet, François Gérard, Prud'hon parfois, Cicéri, le paysagiste Thomas, Aubry et Saint, et Corvisart.

La mort de sa femme, en 1829, le désorienta. Il dut vendre son hôtel, et comme on l'a dit, l'opération ne fut point mauvaise. De 38,000 francs payés en l'an XIII à 130,000 francs en 1834, c'est un placement de père de famille heureux. Mais, de la somme totale, beaucoup est dû ; des trois enfants qui lui restent, une fille est mariée à Cicéri ; son fils Eugène est peintre : une fille reste à pourvoir. Ce serait la misère définitive, si le roi Louis-Philippe ne lui donnait un traitement sur la caisse des Musées et un appartement à l'Institut. Il n'en avait point été, et ceci, comme à Augustin, lui tenait à cœur. Il s'en plaignait, il se répandait en regrets vains, il se comparait à d'autres plus heureux, à quoi Lemercier, son ami, répondait par la phrase célèbre : « Ne crie pas si haut, tu apprendrais au monde entier que tu n'en es pas. »

Fatigué au physique et au moral, ayant un peu trop abusé des « sous voile », il s'était retiré de la lutte. Il écrivait ses mémoires, il se constituait une survie à la façon de ces patriotes qui se consolent de Sedan en parlant de Napoléon. Le peintre Gigoux, qui l'avait connu, exprimait ce sentiment par une phrase rude : « Il se retapait en parlant de l'Autre. » Il avait vécu assez vieux pour que sa rengaine intéressât les nouveaux venus. Il y avait en lui du *Fougas* d'Edmond About et de la Madame Vigée des Mémoires. Resté mince, avec ses cheveux blancs, ses favoris blancs, son front chauve, son accoutrement de l'an X, son afféterie en tout, sa philosophie à se laisser mourir, c'était un revenant. Un des derniers hommes qui l'eussent connu et aimé, M. Edmond Taigny, son descendant, son historien, vient de mourir. C'est de lui que nous tenons ce qui précède. Maintenant, tout est bien fini.

Isabey mourut à Paris, à l'Institut, le 18 avril 1855. Il avait été fait commandeur de la Légion d'honneur par Napoléon III.

Isabey, c'est pour nous, à cette heure, le peintre des cheveux en coup de vent et des femmes voilées, et ceci ne représente ni le miniaturiste qu'il fut, ni le ton de son œuvre. On dirait même que ces aquarelles pointillées et lavées, coulées dans un moule commun, ne lui appartenaient point en propre. Une constatation, c'est qu'à son retour de Londres il s'est davantage ancré dans son parti pris. Les estampes de là-bas, dont il rapporte un album, l'ont séduit de leurs élégances précieuses et raffinées. Excellents, ces grenetis pour les modelés, si l'eau-forte a bien mordu son cuivre et produit au tirage des accentuations veloutées et câlines. Même sur l'ivoire, en miniature, c'est parfait si l'œil est bon, et la main agile et prudente. En aquarelle, ces tons sont affadis par l'eau sans rien qui soutienne et conforte le pointillé ; la chlorose éteint l'une après l'autre ces piqûres, et il n'est plus rien qui demeure, sauf ici ou là une touche, un point qui ne s'explique plus et qui détonne ; ou bien le portrait aérien s'anémie et se divise en nuées, ou il se plaque de taches vilaines. De là, chez l'amateur moderne, de ces retouches indécentes qui feraient douter de la sincérité de l'objet. Pour dire vrai, ce sont les pièces effacées qui valent ; elles ne peuvent guère ne pas l'être après un si long temps. Qu'elles s'offrent brillantes et comme neuves, on sait l'histoire.

Chez Madame Rolle, il y a la Marie-Louise aux roses ; c'est la fleur desséchée dont on parlait au début de ce livre, c'est la relique qu'aucune main profane n'a flétrie. Dans la maison où elle est conservée, on sait ce que commande le respect du maître. On en connaît quelques-unes tout aussi gardées de mécomptes. Malheureusement on n'aurait que l'embarras de dire les autres ; Isabey a eu son Fontallard, ou même ses Fontallard.

Donc, ce qui rendait le vieux maître si fier de lui-même, ce qu'il regardait comme une voie nouvelle ouverte par lui, ce qu'il donnait pour une invention personnelle, est en réalité un arrangement d'après les Anglais, et lorsque nous le voulons étudier dans le procédé, nous trouvons l'œuvre à demi détruite par le soleil, ou, ce qui est pis, repassée aux couleurs moites que les chimies enveniment d'heure en heure. Ceci revient à dire que, de tous les portraits sous voiles rencontrés de par le monde, réencadrés, sertis de diamants, pas un ne vaut, pour le contrôle, la Marie-Louise retenue par le maître, laissée à sa fille, et dans l'instant retrouvée chez Madame Rolle. D'ailleurs, ce ne sont point là des miniatures; on n'en parle ici que pour ne pas couper en deux l'œuvre d'Isabey, et lui conserver son unité parfaite.

De lui, sur ivoire, en œuvres véritablement exécutées à la gouache et d'après les formulaires anciens, combien l'ensemble est plus réduit! Ici ou là, un bijou, une broche comme celle de la reine Hortense, microscopique et si nette, offerte à Madame d'Épreville par la Reine elle-même, restée dans le médaillon et conservée chez M. H. de la Tour. A Madame Rolle, les quinze ou vingt plus convaincantes, d'abord à cause de leur qualité, puis pour leur authenticité et leur état civil. Une grande miniature, représentant un homme à la trentaine, le menton emprisonné dans sa cravate, de 1798 environ: une femme anonyme du même temps; le grand-duc de Bade; Élisa Bonaparte; une Pauline non terminée; la reine Hortense; le roi de Rome; Madame Lætitia, en chapeau de ville; le portrait de Houdon, chef-d'œuvre de vie et de sincérité; Elleviou; Madame Isabey mère, née Poirel; un portrait d'homme de 1793, une Joséphine en diadème: un Napoléon sur une boîte. Et chez M. Taigny, son propre portrait. Voilà pour l'incontestable, les œuvres de tout repos, autrefois entrevues rue des Trois-

Frères et restées vierges. Dans le nombre, aucune ne porte une date postérieure à 1815. Ni le portrait d'homme en symphonie de bleus, la femme en costume demi-oriental, la petite dame au chapeau pointu, ni la princesse Stéphanie de Bade, retrouvée chez M. Doistau ; ni la maréchale Lannes, de M. Kann ; le Napoléon en membre de l'Institut, le Napoléon en grenadier, le général Leclerc, du prince d'Essling, ne se peuvent reporter après Waterloo. C'est au moment précis où ses portraits voilés, sur papier préparé, commencent à se répandre, qu'Isabey semble abandonner la miniature sur ivoire, plus rude pour ses yeux las. D'ailleurs Augustin avait pris la place, et dans la partie, ce n'était point un adversaire négligeable.

Au surplus, Isabey avait contribué à se créer une concurrence d'élèves dont les uns, Jean Guérin et Aubry, sont des maîtres, des hommes d'une belle méthode et d'un art presque égal au sien ; Guérin surtout, qui est son aîné de sept ans, qui est venu de Strasbourg à Paris un an après lui, qui a, lui aussi, travaillé à l'atelier de David aux moments graves. Jean Guérin a longtemps cherché sa route, on l'a vu en une composition maigriote à la Debucourt, parodier assez gentiment les Lawreince. Ceci est à M. Doistau, et étonne par la comparaison avec les œuvres plus tardives. La Cour lui avait fait accueil sur le vu du portrait de la maréchale de Matignon. Alors on lui avait confié l'exécution des portraits du Roi et de la Reine, venus depuis à la famille de Germiny. Ici, une

légende encore : aucun temps n'en imagina davantage.
Étant garde national, Guérin eût sauvé le Roi et la Reine,
au 20 juin 1792. Mais, alors que Boze, son rival de
légendes, conduisait les Marseillais à l'assaut des Tuileries, Guérin s'était enfui à Obernai, chez les Levrault ;
dénoncé, il gagne Strasbourg. Peut-être le portrait de
Frédérique de Franck, vicomtesse de Renouard de Bus-
sières, à Madame de Pourtalès, date-t-il de ce temps-là.

A Strasbourg, il se révéla à Desaix, qui lui donna un
costume de soldat et l'envoya aux avant-postes. La Terreur passée, Guérin avait repris ses pinceaux. Une de
ses premières œuvres avait été le portrait de son sau-
veur, aujourd'hui à M. Ulrich Desaix, descendant du
vainqueur de Marengo.

Au Salon de 1798, où il paraît pour la première fois,
il avait envoyé son Kléber, grande miniature dont on
connaît plusieurs répétitions, mais dont l'original est au
Louvre. Ce portrait fut présenté à Bonaparte et gardé
dans sa demeure de la rue Chantereine une huitaine de
jours.

A son maître Isabey, Guérin a demandé plus une
introduction, un lancement, que des conseils. Lui, qui
avait fourni au graveur Fiesinger les portraits des Cons-
tituants, qui possédait d'assez jolis moyens, des finesses
que Sicardi eût avouées, n'avait guère à prendre chez
Isabey, bien que leurs sentiments différassent totalement;
David et lui avaient l'un pour l'autre une estime profonde.
Dès qu'il était rentré à Paris, il avait commencé son

Kléber, et bientôt le portrait de la citoyenne X... Cette citoyenne X... serait-elle l'étourdissante personne, en la possession de Madame de Saint-Martin-Valogne, dont la belle chair fraîche, les yeux impudents, la bouche d'un dessin admirable, les cheveux embroussaillés serrés dans un madras rouge, le sein autrefois nu à la façon des Amazones, constituent un ensemble très simple, très noble de jeunesse et d'insouciance; ce serait Théroigne, si Théroigne eût été la jolie qu'on a dite, mais la citoyenne X... n'est pas Théroigne; elle n'est ni la déesse Raison, ni la Cabarrus, ni Mademoiselle Lange; si elle se dévêt, c'est que la mode est ainsi, témoin l'autre charmante ni moins dévêtue, ni moins provocante qu'Isabey a peinte et que possède le prince d'Essling. A ce point, à cette perfection, le parallèle d'autres avec Guérin n'est guère possible. Augustin, Isabey, Dumont, sont à l'étage d'au-dessous. Une piété émue a voulu que la plus grande partie de cette nudité eût son voile, et je ne sais quelle main naïve a jeté une mousseline à l'entour de ce corps de statue grecque. Pour bien dire, jamais plus Guérin ne touchera à cet idéal. Kléber deviendra une œuvre classique, on connaîtra d'autres pièces d'une fière allure, témoin la Catalani, témoin la dame en robe blanche et assise, toutes deux au Louvre. Même au point de vue du tout dire, une prétendue Lady Clarence et son frère, à M. David Weill. Quelle Lady Clarence, et quel frère? On ne voudrait dire, mais pour ces deux êtres très laids, Guérin a trouvé une attitude honorable, et les mains, qu'ils ont fort belles, rachètent le reste très complètement.

Il y a de lui, à l'étranger, nombre de portraits remarquables qui sortent à la lumière au fur et à mesure de la renommée grandissante. L'un de ceux-ci représente la comtesse Élisabeth Potocka, une femme brune, à la chevelure opulente, publié par Artaria dans son livre sur le Congrès de Vienne. Elle figure aux côtés de la princesse Pauline Schwarzenberg, au prince A. J. Schwargenberg, par Augustin. En opposition de l'un de ces dessins à l'autre, c'est Guérin qui l'emporte. David, dont les sentiments amènes ne vont guère aux royalistes, et qui n'ignore pas le passé de Guérin, lui demande le portrait de sa fille, celle née en 1786, au retour de Rome, et qui fut mariée aux environs de 1806. Quel Alsacien que ce Guérin ! C'est dire quel finaud, quel habile homme ! Il fera le portrait de la fille de son maître, à une condition toutefois, — et c'est là qu'il le faut admirer sans réserve, — que David viendra en personne poser le modèle, lui-même. Le moyen, après cela, que David trouvât à redire !

Par les livrets, nous n'apprenons guère sur lui. Il envoie, comme tout le monde, son « cadre de diverses miniatures ». En 1804, le comte de Fries figure dans le nombre, et ce même comte de Fries a été représenté par Gérard devant le berceau de son petit enfant. De 1804 à 1810, une saute de deux expositions ; puis en 1810, c'est le colonel baron Lejeune, aide de camp de

Berthier, un confrère en peinture. Au Salon de 1812, c'est l'Empereur qui paraît, en grande miniature sur vélin, comme le portrait de Kléber, de Madame S..., et plusieurs autres, sous un numéro unique.

Pour ces grandes miniatures, Jean Guérin en était tout naïvement revenu à un ancien procédé sur peau de vélin, les chairs pointillées, les habits et les fonds plaqués à la gouache, en touches puissantes et délurées, son Kléber est ainsi : la tête enlevée en clair sur un fond de fumée et d'incendie, en pleine action guerrière. C'est cette énergie de pose dont Bonaparte s'était déclaré séduit. Mais en succès non douteux, en supériorité de dessin et de technique, nul ne se risquerait à nier qu'il fût un des premiers. Jusqu'en 1827, il est aux expositions et s'y montre égal toujours, et même, vers la fin, en progrès souvent. Alors que ses concurrents accédaient aux honneurs, aux places, aux récompenses, lui n'avait jamais rien reçu, ni distinctions, ni titres ronflants. Isabey, qui ne fut son maître que de nom, était officier de la Légion d'honneur ; Augustin, chevalier, comme Laurent lui-même, si inférieur à lui, Guérin disqualifié, très oublié, se retira en 1821, à Obernai, chez les Levrault, où il mourut, à soixante-seize ans, le 30 octobre 1836. Cette année même les Levrault lui consacraient une notice dans la *Revue d'Alsace*. Depuis, tous les historiens de la miniature l'ont signalé à un rang inférieur, tantôt l'appelant Paulin, — Jal entre autres, — ce qui le navrait déjà sous l'Empire, tantôt le traitant de haut et de loin, comme un modeste élève d'Isabey. Somme toute, Jean Guérin fut un noble artiste, un homme excellent, un maître que ni Augustin, ni Sicardi, ni Isabey ne dépassaient, mais qu'ils écrasaient de leur renom officiel. A Paris, la plus grande partie de sa vie s'écoula 13 ou 19 quai Voltaire, dans un atelier sous les toits, d'où il découvrait le magnifique panorama de la Seine.

Élève d'Isabey, il ne le fut donc que de courtoisie, car il ne lui a pris que bien peu de chose ; même si la miniature de M. Doistau, signée Guérin F., est réellement de lui, il s'accuserait plutôt élève de Lawreince : à cette date, 1782 ou 1784, Isabey était encore à Nancy, sous la dépendance de Claudot. Ses premiers et véritables disciples, il les a indiqués lui-même au temps où il vivait à la Malmaison ; il a consigné leurs figures dans un cahier de douze dessins à la plume, remis au Cabinet des Estampes par Madame Rolle. Il avait refait là un peu les profils demandés par Dejabin, où tous ses amis et élèves sont comme pris au physionotrace, Aubry, Jacques, Hollier, ceux qui lui donneront un coup de main dans les jours de presse, car Dieu sait si les événements s'entre-choquent et s'il faut, à l'heure et à la minute, donner à la fois une maquette de fête, et le portrait d'un beau Dunois partant pour la gloire. De tous les jeunes gens qu'il a autour de lui, un est son contemporain immédiat, Aubry ; Hollier, son cadet de cinq ans ; Jacques, de treize ans ; mais ceux-là, qui sont les

proches de sa famille artistique, ne sont point les seuls.
Il y a Saint, il y a Muneret, il y a Singry, Larivière,
et Mansion, de Nancy, qui habite la maison de la rue
des Trois-Frères. Un de ses plus fervents adeptes sera
ce Henri Benner, qui peindra en Russie et qui ira
répandre le formulaire d'Isabey. Et des inconnus, ou
presque : Baudiot, Bordes, Gigola ; en prenant les
femmes, Mesdames Rat, Romagnési, Mademoiselle
Jaser, Madame Wayne.

Par l'âge, c'est le peintre Louis-Ferdinand Aubry
qui vient en tête. Il est né en 1767, et il a pris ses principes chez Vincent ; en 1804, il est chez Isabey, dont
la réussite suivra les progrès ascendants de la fortune de
Bonaparte. A ce moment, Aubry a trente-cinq ans, et,
tel que nous le montre Isabey dans son album, chauve,
ramenant ses mèches, il paraît bien plus. Ici, une difficulté. Aubry s'est montré dans une miniature aujour-
d'hui au Louvre, et il est jeune, il est beau, il est che-
velu à tous crins ; ce portrait du Louvre, est-ce le sien,
et est-ce par lui ? Il est si formellement de l'Isabey, et
ce n'est que si peu la figure de l'Aubry du Cabinet des
Estampes de la même époque, déplumé et gras, qu'on a
de grands doutes.

Il s'était mis à la miniature d'assez bonne heure, peut-
être dès la Terreur, car, en 1798, il a son atelier rue de
de la Vrillière, et il expose un cadre de miniatures.
Chez Vincent, il a connu Madame Labille-Guiard, et
comme le moment n'est pas à la grande peinture, comme

l'assaut donné par les provinciaux produit un renouveau considérable aux petits portraits, Aubry, pour assurer son existence matérielle, s'est remis à la miniature. Ce n'est que du travail qu'il demande à Isabey, et
quelques menus secrets de pratique. De lui, à cette
époque, assez peu de choses qui marquent. Au Salon,
pas un nom, et cela jusqu'en 1804, alors qu'il est venu
s'installer rue Neuve-des-Petits-Champs, où il restera
jusqu'à la fin de sa vie, en 1840. Le numéro de sa maison change à plusieurs reprises, mais il habite juste en
face du passage Choiseul, dans un appartement-ate-
lier où il avait réuni une centaine de tableaux de ses
contemporains.

Entre 1798 et 1833, Aubry est sur la brèche ; à partir
de 1804, il est classé. « Aubry fait beaucoup d'honneur
à son maître Isabey, dit un critique (Pasquino), il l'imite
parfaitement par la ressemblance et le moelleux de son
pinceau, on voit dans ses figures circuler le sang et
briller la passion. » Ce n'est pas ce que montrait le portrait de Madame Henri Belmont dans son rôle de Fan-
chon la Vielleuse, si, comme tout le laisse croire, cette
Belmont est le portrait appartenant à M. J. de Richter.
Cela ressemble peut-être, mais les mains, mais les détails
en sont lourds. Aubry n'aura sa formule définitive que
bien plus tard, sous la Restauration ; et alors, entre l'Aubry de la femme à la harpe, du Louvre, et l'Isabey de
l'Escalier du Musée, au Louvre aussi, ce seront des éga-
lités, non toujours à l'avantage du maître. Dans les Salons

de 1810, il avait mis les deux portraits du roi Jérôme et de la reine Catherine, et probablement le Le Camus en grand costume de cour qui est en la possession de M. le prince d'Essling. Pour ce dernier surtout, il a très sensiblement cherché son inspiration dans les personnages du sacre donnés par Isabey, car c'est une orientation identique et de pareils moyens. Le Camus, titulaire d'un comté étranger, porte le costume calqué sur ceux des grands-officiers de la Couronne impériale de France. Il est ministre des Relations extérieures de Westphalie, avec la tunique brodée et le manteau à col relevé. Comme tel, c'est la banalité, la figure sans physionomie ; frisotté de cheveux à la Titus, en homme et en solennel ce que sera la dame à la harpe, blonde, sanglée dans son fourreau de velours sombre, appuyée un peu bizarrement sur un instrument dont la décoration est jolie, mais dont les perspectives ont des équilibres instables. Cette dame a le visage d'une belle blonde, que son col Médicis rend plus pâle et plus lymphatique encore. De Le Camus à cette personne, Aubry a près de dix ans de pratique de plus, car pour elle ce serait environ 1815 à 1817, et pour l'autre 1808 à 1810. C'est identique, pas un progrès ne se constate. Les mains ont des hésitations et paraissent boudinées. A tout prendre, avec moins de souplesse, ce serait bien là une des femmes de l'Escalier d'Isabey, retrouvée dans un salon Empire que Percier et Fontaine eussent décoré et dont ils auraient donné le fauteuil et la harpe.

Qui est cette dame? Une artiste à la mode, ou une femme du monde qui a voulu ces accessoires obligeants et flatteurs? Car, qui ne pince plus ou moins de la harpe ou de la guitare, par ce temps de troubadours?

Il y a, d'Aubry, chez Madame Duchatelet, à Paris, diverses études : Aubry fut le maître de Mademoiselle Parisaud, qui a légué ses Aubry à Madame Duchatelet. Dans le nombre, une petite étude curieuse, hâtive, qui serait une portraiture amusante, si la chronique n'en est pas erronée. Une jeune, toute jeune fille de l'an X ou de l'an XII, à grands cheveux épars, cravatée comme un garçon, qu'on dit être Eugénie Maistre, la seconde femme qu'Isabey épousa sur ses soixante ans et qui lui donna Madame Maxime Wey. Si l'on veut calculer, la chose prête au doute. Ici, nous voyons une fillette d'au moins quinze ans. Or, en 1800, elle a dix ans, en 1830 elle en aura quarante. Ce n'est pas l'âge de Sarah, femme d'Abraham, mais les limites s'annoncent. Je ne donne donc que sous bénéfice d'inventaire le portrait de Mademoiselle Mestre ou Maistre. Une autre pièce de la même collection a plus de vraisemblance dans sa légende, c'est un portrait de Joséphine, en grand costume d'impératrice, que François Aubry avait commencé à la veille du divorce, et qui fut interrompu par les événements : c'est une miniature, mais pas un chef-d'œuvre. Loin de là.

Durant une carrière de quarante ans, Aubry n'aura connu que les succès de second plan. Rien qui l'ait mis, même moralement, sur le pied d'Augustin, d'Isabey ou de Guérin. Il reçoit, en 1817, une médaille de 1ᵉ classe; en 1832, il est créé chevalier. Il a dans son atelier un cours d'élèves où l'on a vu passer Daniel Saint, Melliet de Versailles, M. de la Cluze, Madame Weyet, Mademoiselle Marie Jaser ; Daniel Saint eût suffi à illustrer une maison. En 1840, « pour cause de changement de local », Aubry fait une vente de ses tableaux. Il n'est pas, comme Augustin, un collectionneur d'anciennes œuvres. Il a, en majorité, des œuvres contemporaines dont l'une, *le Serment d'amour*, de Fragonard, provient du duc de la Rochefoucauld et a coûté, en or payé à Fragonard, 125 louis de 24 livres, soit 3.000 francs. Il a de Greuze son portrait, plus une jeune fille et l'enfant au perroquet ; il a un portique à la sépia, d'Isabey ; de nombreux paysages de Thiénon, de Doix, de Granet, de Bergeret ; il a des Watelet, des Mademoiselle Gérard, des Mallet, des Swebach, un enfant de Debucourt, des Berlin. Pour les anciens, un Velazquez, un Pompeo Battoni, tête de femme à turban, un G. de Crayer, un Van der Helst, un portrait d'homme par Largillière, un Lély, admirable portrait de femme ; 68 numéros en tout, sans compter une trentaine d'estampes de Richard Desnoyers.

La vente, indiquée pour le 16 mars 1840, à midi, était faite par M. Bonnafous de Lavialle, commissaire-priseur, sur les expertises de Ch. Paillet, avec exposition publique au n° 20 de la rue Neuve-des-Petits-Champs, au domicile d'Aubry. Paillet disait dans la petite introduction : « M. Aubry, aussi modeste qu'il a eu de célébrité dans la miniature pendant quarante années, nous a bien recommandé de ne point donner à cette introduction des tournures de phrases trop éblouissantes qui donnent au public droit de demander plus qu'on n'est en mesure de lui donner. »

La vente d'Augustin, l'année précédente, et sa réussite, avaient inspiré l'idée à Aubry de tirer parti de ses reliques. L'âge venait, on gagnait moins. Depuis sept ans déjà, Aubry avait obtenu un petit emploi, celui de restaurateur au Louvre. Il y fut de 1833 à 1844 ; il continuait ses leçons.

En 1851, il était mort, devançant son patron et contemporain Isabey de quatre ans.

Jacques, élève d'Isabey aussi et de David, a peint sous l'Empire et sous la Restauration ; en 1814, il exposait un portrait de Madame Rigaud, du théâtre Feydeau, dont on a admiré beaucoup le coloris et les arrangements.

Il avait fait M. et Madame Lavalette, deux miniatures qui furent données à un Anglais, lequel avait sauvé M. Lavalette. Il peignit Cuvier, Benjamin Constant, et fit du duc d'Orléans, en 1817, un portrait qui fut vendu 12,000 francs. Jacques était un joli homme, au profil fin et distingué, dont le portrait, par son maître et ami Isabey, est dans le recueil que Madame Rolle a donné au département des Estampes. Il y avait des gens qui le mettaient sur le même pied qu'Isabey et Saint, mais cela est excessif.

Muneret commença à exposer en 1804, et donna d'abord un portrait de lui-même. Il exécuta plus tard la miniature de Talma dans son rôle de Néron ; cette peinture fut gravée par Augrand. Il fit successivement les portraits de la comtesse de Nesselrode et d'Anne-Cécile Duret de Saint-Aubin, fille d'Alexandrine de Saint-Aubin, sociétaire du Théâtre impérial de l'Opéra-Comique. Ce portrait est amusant ; il est peint sur un fond de nuages ; comme il a été gravé par Delvaux, celui-ci l'a recoiffé à sa façon dans l'état définitif de la gravure. C'est du bon art de l'Empire. En 1804, Muneret est à son apogée. C'est alors qu'il donna Chenard, Madame Gavaudan, l'actrice, et son mari, et un portrait de femme en velours noir, admirable, sauf les mains. On peut regretter que Muneret se soit tenu dans les tons gris ; sans cela, il serait un des premiers seconds. C'est en 1820 qu'il fit la miniature du duc de Raguse, gravée par Foster.

Daniel Saint, né à Saint-Lô en 1778, est élève de Regnault et d'Aubry. Il prit de ce dernier le fini impitoyable, mais aussi le caractère spirituel et gai ; il ne se perdait pas dans les détails, jouait de tous moyens et ne s'abîmait guère en minauderies ; on le vit aux Salons de 1804 à 1811, et il signait. Le Pausanias français trouve « qu'il varie ses effets suivants les portraits et ne s'en tient pas à une note unique » ; il lui accorde la première place après Augustin. Ce fut en 1810, après la grande miniature du prince Kourakin, que l'Empereur lui commanda son portrait pour l'envoyer à Vienne, à sa future femme. On enferma ce portrait dans un cadre de brillants de 150,000 francs ; c'est cette lourde chose que la princesse portait lors de son entrée sur le territoire.

En 1814, Delpech prétend que c'est Saint qui a la palme de l'exposition avec le portrait de Boisrard. Il en admire le dessin, le coloris, la manière large, et en 1817, Jal proclame qu'il tient le bon bout dans la miniature. Saint avait mis, cette année-là, le portrait d'une dame se promenant dans un jardin, c'était un vrai chef-d'œuvre : vis-à-vis de Madame de Mirbel, Saint est encore un maître. Son Charles X est excellent, on ne peut lui reprocher qu'un beau défaut, celui d'être trop agréablement peint.

Singry, encore un élève d'Isabey, débuta aussi au Salon de 1824 par son portrait ; ce sera le peintre des acteurs et des actrices. Il y a de lui un Michelot, du Théâtre-Français, très amusant et très digne. Mais un des plus étourdissants, c'est Michot, comédien ordinaire du Roi, qu'il a pris dans son rôle de Falstaff. Il avait, comme la plupart de ses collègues, et à plus haut point qu'Isabey, le talent des ressemblances ; il fit un bon portrait d'Isabey. Sa Catalani, depuis gravée par Dien avec une couronne de roses, a eu des avatars : sous le règne de Napoléon III, on en a fait une Joséphine. C'était d'ailleurs un portrait médiocre, bien inférieur à celui de l'acteur Joly, qui est un de ses meilleurs. Celui de Dupaty, directeur de l'Opéra, signé Singry, 1814, appartient maintenant au comte Mimerel.

En 1824, à l'ouverture du Salon, Singry est mort. Il laissait deux œuvres à ce Salon : le portrait du duc d'Orléans et celui de sa sœur ; « Isabey les eût signés, c'est dire de quel prix ils sont », affirme Jal.

La chance, toujours la chance ! Isabey mort, — et c'est là la pire aventure, — la Renommée enfle sa trompette et proclame bien haut qu'il tient encore la palme, que c'est lui qui a fait les meilleurs élèves.

TABLE ALPHABÉTIQUE

TABLE DES MATIÈRES

MACON, PROTAT FRÈRES, IMPRIMEURS